図解 即 戦力　豊富な図
　　　　　　　　知識0で

AIの

しくみと活用が
しっかりわかる
これ
1冊で
教科書

高橋海渡、立川裕之
小西功記、小林寛子
石井大輔

技術評論社

はじめに

　アフターコロナを宣言する国が出始めると、欧州で戦争が始まるという大変な2022年となりました。不安定な世界で改めて数学をはじめとしたロジカルシンキングの重要性が増しています。そのロジックの論拠となるのがデータです。ビッグデータに限らずニュースの内容ですら、真偽やバイアスの有無に注意し、吟味して意思決定をしないと、潮流の変化に対して不利な判断をしてしまいます。特にサイエンスシンキングは、青果店でもヨガの先生にも重要なものです。

　AIブームはDX（デジタルトランスフォーメーション）に名を変えて定着しました。一方で現場の感覚では、AIが導入されていない仕事の現場は、まだ99％も残されています。世界レベルでは、99.99％が未開拓市場でしょう。マダガスカルで釣りをしている人ですら、データサイエンスを導入するのがよいといえます。

　多くの現場では、データが紙で放置され、有用でないアンケートが行われ、ID別になっていない合計データのみが活用されています。ビッグデータの規模になっても、POSレジと本社会計が分断されていたり、システム会社の政治的なせめぎ合いからシームレスに統合されていない職場ばかりです。

　デジタル庁は頑張っていますが、仕事は山積みです。戦争ではサイバーセキュリティ向けAIや犯罪やテロ防止AIという新興分野も生まれています。AI業務に終わりはありません。

　本書は、AI学習の入り口に立った意欲ある方に向けて総論的に書かれました。1章と2章では、AIの概観を説明し、そもそも「AIとは何？」という疑問に答えています。基礎知識編といえるでしょう。

　3章では、自然言語処理について、基礎的なベクトル空間上への言語のマッピングから始まり、最新のTransformerなど大型アーキテクチャまで網羅しています。4章では「GAN＝生成ニューラルネットワーク」を説明しています。画像から始まったこの分野は、近年では音楽や文章の生成（GPT）に使われ、

最先端でも旬になっています。実験的な社会実装も含め、事例を紹介します。

　5章は近年で最も発展が著しい画像認識分野を説明しています。第3次AIブームの引き金になった、当初から精度の高い分野ですが、自動運転をはじめとして夢のある社会実装がすでにスタートしており、さまざまなアーキテクチャが百花繚乱の体を成しています。6章では、データサイエンスの文脈で非常に重要な、実務で頻出するテーブルデータについて解説します。コンサルティング業務や一般企業のもつデータはこれが最も多いです。汎用的に多くのシーンに使えるノウハウを紹介しています。

　新型コロナウイルスや欧州での戦争を乗り越えても、人類は気候変動、貧富格差、難病、マイノリティ支援など、まだ見ぬ問題に取り組まなければなりません。もちろん、なかには社会学や哲学的な文脈で解決したほうがよい問題もあります。ただ、そこに論理学とデータサイエンスが加われば、エビデンス付きの成功しやすい着地になることは間違いありません。

　みなさんが趣味で始めたラーメン店の画像分析や、Netflixの番組評価分析なども、上記のプロジェクトと同じくらい意義があると思います。自分のテーマを見つけ、頑張って分析するほど楽しいことはありません。本書がそのきっかけになれば、これほど嬉しいことはありません。

　技術評論社の宮崎主哉さん、共著者の高橋海渡さん、立川裕之さん、小西功記さん、小林寛子さん。素晴らしいメンバーに恵まれ、本書は誕生しました。誠にありがとうございました。あわせて妻の留衣と、執筆中に産まれた娘の晴にもありがとうと伝えたいです。

　2022年11月 ウクライナおよび世界平和への想いを寄せる杉並区民として
　　　　　　　　　　　　　　　　　　　　　　共著者代表 石井 大輔

1章
AIとは

2章
AIの基礎知識

3章
自然言語処理の手法とモデル

4章
GANを中心とした 生成モデル

5章
画像認識の手法とモデル

6章
テーブルデータの
機械学習アルゴリズム

ご注意：ご購入・ご利用の前に必ずお読みください

1章

▼

AIとは

「AI」という言葉には幅広い概念が含まれていますが、簡単にいうと「大量のデータから有益なパターンを見つけ出す技術」を指します。AIは現在、製造や流通、金融などのさまざまな分野で用いられています。ここではAIの得意な分野と苦手な分野、AIの発達の歴史とともに、コンピュータへの学習の基本となる機械学習とディープラーニングを押さえましょう。

01 AI の定義

「AI」という言葉には幅広い概念が含まれており、決まった定義はありません。「**大量のデータからパターンを見つけ出す技術**」というイメージを押さえたうえで、幅広い分野にわたる技術であることを知っていきましょう。

● 専門家によって異なるAIの見解

　「AI」とは「Artificial Intelligence」の略で、「人工知能」とも呼ばれます。AIという言葉には幅広い概念が含まれ、専門家の間でも定義が定まっていません。その理由の1つに、「知能とは何か」の明確な定義が難しいことが挙げられます。知能をどう捉えるかは専門家によって見解が異なり、1つの明確な定義を示すことは困難といえます。

　実務や研究などのツールとしてAIを活用する際は、「**大量のデータから有益なパターンを見つけ出す技術**」と大まかに捉え、「どんなデータが使えそうか」「どんなパターンを見つけるAIが有益か」を考えていくのがよいでしょう。

■ 専門家によるAIの定義の例

専門家	定義
中島秀之（公立はこだて未来大学） 武田英明（国立情報学研究所）	人工的につくられた知能をもつ実態。あるいは、それをつくろうとすることで知能全体を研究する分野
西田豊明（京都大学）	「知能をもつメカ」ないしは「心をもつメカ」
溝口理一郎（北陸先端科学大学院）	人工的につくった知的な振る舞いをするためのもの（システム）
長尾 真（京都大学）	人の頭脳活動を極限までシミュレートするシステム
堀 浩一（東京大学）	人工的につくる新しい知能の世界
浅田 稔（大阪大学）	知能の定義が明確でないので、人工知能を明確に定義できない
松原 仁（公立はこだて未来大学）	究極には人と区別がつかない人工的な知能のこと
池上高志（東京大学）	自然に我々がペットや人に接触するような、情動と冗談に満ちた相互作用を、物理法制に関係なく、あるいは逆らって、人工的につくり出せるシステム

出典：松尾 豊『人工知能は人間を超えるか』(KADOKAWA) より一部抜粋

● AIが用いられる分野

　AIは**幅広い分野で活用**されています。前述したように、AIは大量のデータから有益なパターンを見つけ出す技術なので、アイデア次第で産業や分野を問わず活用する方法が考えられます。

　まずは技術要素ごとに主な活用例を見てみましょう。このほかにも、さまざまな分野でAIは活用されています。また産業別の活用例では、身近な分野から意外な分野まで、多くの産業で使われていることがわかります。

■ 技術要素と産業別の活用例

	画像解析	異常検知	需要予測	自然言語／音声解析	その他
製造	商品の不良品判定	機械の故障検知／スタッフの安全管理	出荷量予測	チャットボット／部門振り分け	成分配合率の計算
流通	商品の破損検知		受注量予測／ダイナミックプライシング	チャットボット／部門振り分け	配送経路の自動化
不動産	外壁の劣化診断／物件の写真分類	設備の異常検知	価格予測	チャットボット／部門振り分け	賃貸仲介マッチング
金融	カードの不正検知／帳票の読み取り	クレカの不正検知	為替予測	チャットボット／部門振り分け	ローン審査
農業	病気・害虫検査／食物の品質検査	食物の生育不良検知／病害感染リスク	収穫量予測		
公共・インフラ	土木施設の劣化診断／犯罪者の割り出し	設備の老朽化検知	道路の交通量予測／鉄道の混雑予測	議事録作成／保育園入園の判断	犯罪予測／人口予測

✏ まとめ

▣ AI は Artificial Intelligence の略で、人工知能とも呼ばれる

▣ AI には決まった定義はなく、専門家の間でも見解が分かれる

▣ AI の活用は「大量のデータからどんなパターンを見つけると有益か」という視点で考えるとよい

02 AIの得意な分野と苦手な分野

AIは万能な技術ではなく、できることは限られています。「AIは何でもできる技術」というイメージがもたれやすい理由について、「特化型AI」と「汎用型AI」という概念を学びながら理解していきましょう。

◯ 特化型AIと汎用型AI

　まず、「AIでできること」が限られていることを知るために、「**特化型AI**」の概念を押さえましょう。特化型AIとは、たとえば画像認識や自動運転、囲碁など、**特定のことだけを処理できるAI**を指します。人間の行っている特定の知的処理の一部を自動化するのが特化型AIです。

　一方、「**汎用型AI**」は特定の処理に限られず、**人間の行っている幅広い知的処理に対応できるAI**を指します。人間と同様、幅広い分野において問題解決などが行えることが特徴ですが、現在の技術ではまだ実用化されていません。「AIは何でもできる」というイメージがあるのは、この「汎用型AI＝現在のAI」という誤解が生じているためと考えられます。現時点では、特化型AIについて理解できれば、実務や研究に関しては問題ないレベルといえます。

■ 特化型AIと汎用型AI

	特徴	イメージ
特化型AI	・人間のような意識はもたない ・WatsonやAlpha Goなどの例がある ・特定の問題（画像認識、囲碁、クイズなど）を解くことに特化している	
汎用型AI	・人間のような意識をもつ ・幅広い問題を解くことができる ・現在の技術ではまだ実現していない	

● 特化型AIで処理できる３つのこと

特化型AIで行える処理は、「**識別**」「**予測**」「**実行**」の３つに分けられます。

まず識別とは、入力された**データを識別**する処理のことです。たとえば、犬が写っている画像に「犬」、猫が写っている画像に「猫」というラベルを付けたデータを学習させ、ラベルが付いていない画像が「犬」か「猫」かを識別させる処理が挙げられます。

次に予測とは、入力された**データから将来の出来事や結果を予測**する処理のことです。たとえば、過去の販売実績をもとにした翌月の売上予測や、経済指標をもとにした株価予測などが当てはまります。

最後に実行とは、**識別や予測の結果に基づき、実際に行動として実行**する処理のことです。たとえば、有名画家の画風の再現では、画家の特徴を識別し、表現生成を実行します。また、お掃除ロボットは、どういう経路で進めば問題が起こらないかを予測し、経路を計画して実行します。

主にAI活用プロジェクトの概念実証（PoC：Proof of Concept）段階や立ち上げ段階では、識別や予測のタスクで何ができるかを考えていくことが多いです。しかし、識別段階や予測段階での精度の向上を重視するあまり、**精度の向上がビジネス上の成果にどう寄与するか**が不明瞭なまま検証を進めてしまうケースもあります。常に実行段階を念頭に置いて開発するのがベターです。

■「識別」「予測」「実行」の処理の違い

識別	予測	実行
音声認識	数値予測	表現生成
画像認識	マッチング	デザイン
動画認識	意図予測	行動の最適化
言語解析	ニーズ予測	作業の自動化

出典：安宅和人『人工知能はビジネスをどう変えるか』（ダイヤモンド社）―「AIの実用化における機能領域」を参考に作成

AIが人間より得意なこと

　AIを活用すると、画像認識や株価予測など、さまざまなことが実現できます。AIが人間より得意なこととして、「**大量のデータを扱える**」「**作業を高速に処理できる**」「**作業精度を維持できる**」などが挙げられます。たとえば、数千万件の論文のなかから分野（ジャンル）を判定したり（**識別**）、経済指標から株価を予測したり（**予測**）することが、人間よりすばやく正確にできます。このような大量のデータを扱った識別や予測はAIの得意な作業です。

　さらに、人間が行うと疲労などの影響により精度が落ちるような作業も、長時間にわたって高精度で行うことができます。たとえば、工場で不良品を検出する作業の場合、人間では作業者により判断にばらつきが生じたり、疲労により精度の低下が起こったりすることがあります。しかし、AIを活用すれば、高い精度を保ったまま、検出作業を続けられます。

　このように作業精度を維持しながら処理できることもAIの得意分野です。

■AIが人間より得意なこと

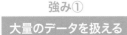

強み①
大量のデータを扱える

世界中の論文、数千万件を学習可能

1日に読めるのは数件程度

強み②
高速に処理できる

1秒間に数億手の計算が可能

1度に読めるのは多くて数千手

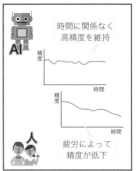

強み③
精度を維持できる

時間に関係なく高精度を維持

精度

時間

精度

時間

疲労によって精度が低下

AIが人間より苦手なこと

　一方で、AIが人間より苦手なこととして、「**問いを立てる**」「**感情を理解する**」「**五感のような身体感覚を伴うこと**」などが挙げられます。

　AIは大量のデータを高速、かつ一定以上の精度を維持しながら処理できますが、「何のために分析するのか」と目的を考えることはありません。このようにAIは仮説や問いを立てることは苦手です。

　また、AIは感情を理解し、相手に働きかけることも苦手としています。そもそも現状では、**人間の感情について解明されていないことが多く**、それをAIに教え込むのが困難なためです。

　さらに、人間の身体は、「何となく気配を感じる」というように、たくさんのセンサーを備えています。しかし、これらのセンサーをすべてコンピュータに搭載するのは困難です。身体感覚が必要な作業もAIは苦手としています。

■ AIが人間より苦手なこと

苦手①

問いを立てる

大量の問題を解けるが「なぜ解くのか」といった問いを立てることは苦手

How が得意

Why が苦手

苦手②

感情を理解する

接客やカウンセリングなど、感情の理解が必要な分野は苦手

苦手③

身体感覚を伴うこと

人間の五感を複雑に組み合わせて活用することは苦手

まとめ

▶ **特化型AIと汎用型AIがあり、特化型AIのみが実在**

▶ **特化型AIができる処理は「識別」「予測」「実行」の３つ**

▶ **AIは大量のデータを高速に処理することは得意だが、問いを立てたり感情を理解したり身体感覚が必要なことは苦手**

03 AIの発展過程

AIには過去に3回のブームがありました。1960年代の第1次AIブーム、1980年代の第2次AIブーム、そして2010年代の第3次AIブームです。それぞれの時代に注目されたAIを概観し、AIの発展過程を理解しましょう。

◎ ブームと冬の時代を繰り返してきたAI

　AIは「ブーム」と「冬の時代」を繰り返して発展してきました。「人工知能」という言葉が誕生したとされる1950年代のAIは、「**トイプロブレム**」と呼ばれる簡単な問題しか解けないレベルのものでした。それから60年ほどの時を経て、現代のAIは画像認識などの一部の分野で、人間の能力を超える性能をもつようになりました。

■ 3回目のブームを迎えているAI

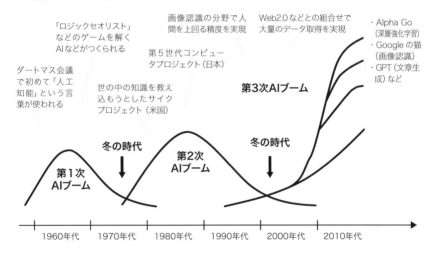

トイプロブレム（推論と探索の時代）

「人工知能」という言葉が誕生したとされる1956年のダートマス会議のワークショップで、「**ロジックセオリスト**」と呼ばれるプログラムが発表されました。ロジックセオリストは、数学の定理を証明するAIです。数値計算しかできないと考えられていた当時のコンピュータが、知的な数学の問題を解くのを目のあたりにして、コンピュータの可能性への期待が一気に高まりました。

これを皮切りに第1次AIブームに突入し、迷路を解くAIや、チェスなどのゲームをするAIなど、さまざまAIが開発されていきます。しかし、当時のAIは、迷路やチェスなどの**限定されたルールのなかでしか動作できないもの**でした。「組合せや状況分岐などが複雑な現実の問題は解けない」という限界が明らかになり、1970年代になるとAIへの研究熱は急速に冷めていきました。

AIへの期待感が高まって検証してみたものの、思ったような応用ができず、研究熱や応用への取り組みが激減する現象（**冬の時代**）は、のちの第2次AIブームの際にも起こります。昨今の第3次AIブームでも同様のことが起こるかは、今後注目です。

■ 第1次AIブームのポイント

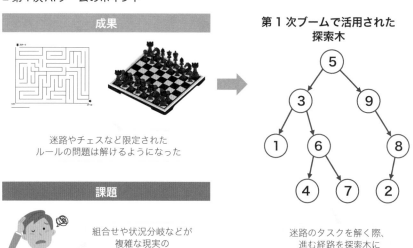

成果

迷路やチェスなど限定された
ルールの問題は解けるようになった

課題

組合せや状況分岐などが
複雑な現実の
問題は解けない

**第1次ブームで活用された
探索木**

迷路のタスクを解く際、
進む経路を探索木に
して解いていた

● エキスパートシステム（知識の時代）

　その後、トイプロブレムしか解けないAIが、**現実の問題にも適用できる**ことが1980年代からわかり始め、第2次AIブームが始まります。

　第2次AIブームの中心となったAIは「**エキスパートシステム**」と呼ばれるものです。エキスパートシステムでは、AIに専門的な知識を大量に覚えさせ、与えられた問いに対して専門家のように推論を行うことを目指しました。

　当時のエキスパートシステムで有名なものが「**MYCIN**」です。MYCINは感染性の血液疾患のある患者を診断し、抗生物質を処方するように設計されたAIです。MYCINの精度は、専門医には劣りますが、専門ではない医師には勝るほどの精度があったとされています。しかし、「おなかのあたりが痛い」や「何となく気持ちが悪い」といった**曖昧な症状に対して診断することは難しく**、専門家の知識は覚えられても、人間のもっている膨大な常識を覚えさせるのはとても難しいことが明らかになりました。人間の知識をすべて記述することは不可能という壁にぶつかり、第2次AIブームも下火になっていきました。

　ちなみに、高度な専門的な知識より、感覚や運動のようなものをコンピュータに教えるほうが計算量が多くなる現象を「モラベックのパラドクス」といいます。

■第2次AIブームのポイント

成果

感染性の血液疾患などの専門的な病状に対して、適切な治療法を提案できるようになった

課題

「おなかのあたりが痛い」などの曖昧な症状に対する診断や常識を覚えさせることは難しい

第2次ブームで活用された
エキスパートシステム

熱はありますか？　　咳は出ますか？

薬Aが必要ですね

病状に対する質問を患者にして、そこから治療法を絞り込んでいく

● ニューラルネットワーク（機械学習・深層学習の時代）

　1回目と2回目のAIブームでは、**AIは限定的な知識しか獲得できない**という限界に直面しました。3回目のAIブームでは、**コンピュータ自らが大量のデータから学習するアプローチ**をとったことで、AIの活用の幅が大きく広がりました。第3次AIブームの重要な概念は「**ニューラルネットワーク**」と「**ビッグデータ**」です。ニューラルネットワークは、**人間の脳の神経細胞（ニューロン）を模したモデル**で、「層」と呼ばれる内部構造をもちます。

　1990年代以降のWebの発達やSNSの浸透により、ニューラルネットワークで学習させるための十分なデータを確保できるようになり、ニューラルネットワークが機能し始めました。近年注目の**ディープラーニング**は、処理する層を複数用意し、判断の精度を向上させたニューラルネットワークの一種です。

■第3次AIブームのポイント

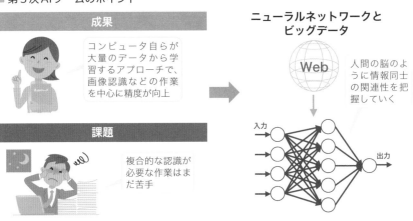

成果

コンピュータ自らが大量のデータから学習するアプローチで、画像認識などの作業を中心に精度が向上

課題

複合的な認識が必要な作業はまだ苦手

ニューラルネットワークとビッグデータ

Web

人間の脳のように情報同士の関連性を把握していく

入力　出力

まとめ

▷ **AIにはブームの時代と冬の時代が存在する**

▷ **第1次は探索と推論の時代、第2次は知識の時代、第3次は学習の時代と呼ばれる**

▷ **大量のデータを自ら学習することでブレークスルーが発生**

04 機械学習とは

機械学習とは、コンピュータに大量のデータを学習させることで、精度の高い判断をさせようとする技術です。機械学習の代表的な手法である「教師あり学習」「教師なし学習」「強化学習」を押さえましょう。

● 機械学習の概要と主な手法

　機械学習とは、人間が経験を通して学習することを、**コンピュータに学習させて精度の高い判断をさせようとするデータ解析技術**です。コンピュータに大量のデータを入力し、そのデータから反復的に学習して、データに特有のパターンを見つけ出していきます。機械学習には主に、「**教師あり学習**」「**教師なし学習**」「**強化学習**」の3つの手法があります。

　教師あり学習は、コンピュータに「入力データ」と「正解ラベル」をセットにして与え、データの特徴を学習させます。教師なし学習は、正解ラベルは与えず、入力データだけを大量に与え、そこから特徴を学習させます。強化学習は、何かしらの目的をもとに、よい行動には報酬を与え、悪い行動には罰則を与えることで、目的達成のための最適な行動を学習させます。

■ 機械学習の3つの手法

教師あり学習

入力データと正解ラベルをセットで与え、その特徴を学習させる

教師なし学習

正解ラベルを与えず、入力データだけを与え、その特徴を学習させる

強化学習

よい行動には報酬を、悪い行動には罰則を与え、最適な行動を学習させる

教師あり学習の代表的なアルゴリズム

　教師あり学習に用いられるアルゴリズムには主に、「**分類**（Classification）」と「**回帰**（Regression）」があります。

　分類は、入力された**データの属するクラスを予測**することです。たとえば、メールがスパムメールかそうでないかを判定する**スパム判定**や、画像に写っている物体を識別する**画像認識**などに分類のアルゴリズムが活用されています。

　回帰は、入力された**データの連続する値を予測**することです。たとえば、電力消費量の推移やWebサイトのクリック数など、すでに手元にあるデータから将来の値を予測する作業で回帰のアルゴリズムが活用されます。

　教師あり学習は、正解ラベル付きデータをどう確保するかという課題をクリアできれば導入しやすく、最もポピュラーな機械学習の手法といえます。教師あり学習の主なアルゴリズムは下表のとおりです。なお機械学習では、特定の種類やパターンを認識するように学習されたファイル、あるいは手法を「**モデル**」といいます。

■ 教師あり学習の主なアルゴリズム

アルゴリズム	活用事例	主なモデル
分類 データの属するクラスを予測	・スパムメールの判定 ・画像の識別	・パーセプトロン ・決定木（P.200） ・ランダムフォレスト（P.204） ・ロジスティック回帰（P.212） ・SVM ・ニューラルネットワーク（P.216） ・k-NN（P.220）
回帰 データの連続する値を予測	・電力消費量の予測 ・広告のクリック数の予測	・回帰木 ・線形回帰（P.196） ・Lasso回帰・Ridge回帰 ・Elastic Net ・SVR

教師なし学習の代表的なアルゴリズム

　教師なし学習に用いられるアルゴリズムには主に、「**クラスタリング**」と「**次元削減**」があります。クラスタリングは主に、**データの傾向を見る**ために使われま

す。特徴が近いデータをk個のグループに分割する**k-means法**や、似ているデータを順番にグループにまとめていく**階層的クラスタリング**などがあります。

　次元削減は、できるだけ情報を保ったまま、**高次元のデータを低次元のデータへ変換する**ことです。たとえば、10次元のデータがあっても、人間はそれを直接確認できません。これを2次元などに変換することで、データの特徴を見つけ出します。身近な例では、身長と体重の傾向を測るBMIなどがあります。

　教師なし学習は、教師あり学習を行うための正解ラベルを付けたいときや、顧客のセグメントを分けたいときなどによく用いられる手法です。

■ 教師なし学習の主なアルゴリズム

アルゴリズム	活用事例	主なモデル
クラスタリング 主にデータの傾向を見る	・顧客層に応じた販売戦略の立案 ・顧客層に応じたレコメンド	・k-means法（P.222） ・階層的クラスタリング（P.226）
次元削減 データを高次元から低次元へ変換する	・顧客情報の分析レポートなどでデータを可視化	・PCA（Principal Component Analysis：主成分分析）（P.232） ・t-SNE（P.55）

◉ 強化学習の代表的なアルゴリズム

　強化学習は、実際の経験をもとに試行錯誤し、ある目的達成のために「この場合こうすればよい」といった最適な行動の方針を獲得する手法です。

■ 強化学習の主なアルゴリズム

アルゴリズム	活用事例	主なモデル
Q学習 ある状態のある行動の価値をQテーブルで管理し、行動ごとにQ値を更新していく手法	・ブロック崩し ・アルファ碁 ・自動運転 ・製造設備の自動制御	・DQN ・A3C
モンテカルロ法 乱数を用いた試行（実験）を繰り返すことで妥当そうな答えを求める手法	・アルファ碁	
方策勾配法 エージェントの行動の確率をニューラルネットワークで表現するための手法	・アルファ碁	・PRO

強化学習では、たとえば囲碁や将棋のように「ゲームに勝つ」という目的のために行動を選択し、その行動結果の良し悪しをもとに次の行動を決めていきます。そのため、教師あり学習や教師なし学習と比較し、**導入の難易度が比較的高い手法**といえます。また、活用例がゲームや自動運転などであることから、ほかの手法と比べて研究開発の要素がある機械学習の手法です。

強化学習は、「**レコメンド**」「**異常検知**」「**頻出パターンマッチング**」などの分野でも利用されています。

レコメンドは、**ユーザーが好みそうなアイテムなどを提案する**ことに使われます。ECサイトでよく見かける「この商品を買った人はこれも買っています」や、動画サイトの「関連動画」などのように、Webサービスにおいてユーザーの滞在時間の延長や販売促進のために活用されています。

異常検知は、クレジットカードの不正使用の発見や異常な株価の推移の早期発見など、**異常データのパターンを検知する**ために使われます。

頻出パターンマッチングは、**データのなかに高頻度で出現するパターンを抽出する**ために使われます。有名な例として「ビールと紙おむつが同時に購入されやすい」というものがあります。これは購買情報によく出てくるパターンを抽出したものです。

まとめ

▷ **機械学習の主な手法として教師あり学習、教師なし学習、強化学習がある**

▷ **主な手法以外に、レコメンド、異常検知、頻出パターンマッチングなども存在する**

05 ディープラーニングとは

「ディープラーニング」は、人間による操作がなくても、AIが自動的に特徴を抽出できるようにする学習のことです。ニューラルネットワークの階層を多層化させることで、判断の精度を高め、幅広い分野への応用を可能にしています。

● 人間の操作なしで学習するディープラーニング

　深層学習または**ディープラーニング**（P.21参照）とは、十分なデータ量があれば、人間による操作がなくてもAIが自動的に特徴を抽出できるようにする学習のことです。この学習には、ディープニューラルネットワーク（Deep Neural Network：DNN）が用いられます。DNNとは、ニューラルネットワークの階層を多層化して深くしたもののことです。この「人間による操作なく」という点が重要です（P.30参照）。この特徴により、AIの応用分野は大きく広がりました。

　また近年のAIブームでは、ディープラーニングという言葉が盛んに用いられたため、「AI＝ディープラーニング」と思う人もいるかもしれませんが、**ディープラーニングはあくまでAIの開発技術の一部**です。AI、機械学習、ディープラーニングがカバーする範囲の違いは下図のとおりです。

■ AI、機械学習、ディープラーニングがカバーする範囲

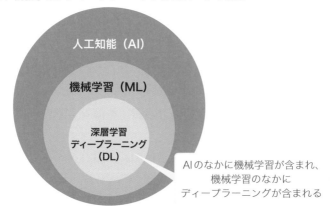

人工知能（AI）

機械学習（ML）

深層学習
ディープラーニング
（DL）

AIのなかに機械学習が含まれ、
機械学習のなかに
ディープラーニングが含まれる

● ディープラーニングにおける階層の多層化

　ディープラーニングとは、**ニューラルネットワークの入力と出力の階層を多層化**し、文字どおり深く（深層）学習できるようにしたものです。中間層と呼ばれる層を多層化することで、情報の処理量を増やし、特徴量の精度や予測精度の向上、汎用性の獲得、複雑な処理の実行などを可能にしています。特徴量とは、データのなかの**予測の手がかりとなる変数**のことです。たとえば、ある人の年収を予測するために用いられる「年齢」や「勤務年数」などが特徴量に当たります。

　ニューラルネットワークの階層を増やし、複雑な処理を行わせるというアイデアは第2次AIブームからありました。しかし、当時はデータ量の確保などが難しく、実用的なディープラーニングのシステムを構築できませんでした。

　畳み込みニューラルネットワーク（CNN）（P.160参照）などの新しいアルゴリズムの発明、インターネットやセンサーネットワークなどから取得できるデータ量の増加により、ディープラーニングの実用化が実現できる段階になったのです。

■ニューラルネットワークとディープラーニングの違い

ニューラルネットワーク

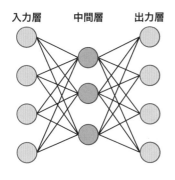

ディープラーニング

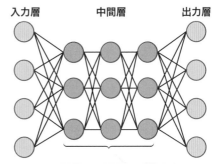

中間層を多層化することで、
より複雑な処理が可能になる

27

○ ディープラーニングでできること

ディープラーニングでできることは多岐にわたります。ここではその一部を紹介します。

●画像認識

画像認識（P.156参照）は、画像を入力し、**画像内の文字や顔などの特徴を識別・検出する技術**です。背景を分離し、対象のマッチングや変換などを行い、画像に写っているものの特徴を識別して検出します。第3次AIブームは、ディープラーニングにより、画像認識の精度が大幅に向上したことで起こりました。有名な例として、Googleが数千万枚のYouTube動画のキャプチャ画像をAIに学習させ、猫の認識ができるようになった「Googleの猫」があります。

●音声認識

音声認識（P.77参照）は、**人間の声などを入力し、音声のパターンを識別・検出する技術**です。人間の声を認識して文字データとして出力したり、音声の特徴を捉えて音声の発信者を識別したりすることができます。

●自然言語処理

自然言語処理（P.74参照）は、話し言葉や書き言葉など、**私たちが日常的に話したり書いたりする言語をコンピュータに処理させる技術**です。

●異常検知

異常検知とは、産業機械などに取り付けられたセンサーなどから収集した時系列データを処理し、異常データのパターンを検知する技術です。

■ ディープラーニングの主な用途

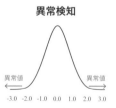

画像認識	音声認識	自然言語処理	異常検知
画像に写っている文字や顔などの特徴を識別・検出する技術	人間の声などのパターンを識別・検出する技術	日常的に話したり書いたりする言語をコンピュータに処理させる技術	センサーなどから収集した時系列データを処理し、異常データを検知する技術

● ディープラーニングの応用例

●自動運転

　自動車の自動運転では、運転に必要な**周囲の状況を認識するプロセス**でディープラーニングが利用されています。画像認識を応用することで、障害物などを把握し、安全な運転へとつなげています。

●自動翻訳

　自動翻訳では、自然言語処理で文脈などを判断し、**より文脈に沿った単語を選択する**ことで、自然な翻訳を行います。LSTM（Long Short Term Memory）のような時系列を考慮したアルゴリズムや、BERT（Bidirectional Encoder Representations from Transformers）などのアルゴリズムが活用されています。

●医療分野での診断支援

　医療分野では、蓄積された診断画像、健康診断の数値、各種論文や報告などのデータを解析することで、病気の早期発見と適切な治療法の提案など、診断支援に活用されています。

●発注・在庫管理

　顧客データを解析し、パターンを見つけ出すことで、天候や季節、曜日などによる商品の購買傾向を導き出します。導いた傾向をもとに発注を行うことで、発注と在庫が適正化され、廃棄を抑えることができます。

●サイバーセキュリティ

　サーバーの平常状態を学習させておき、サイバー攻撃を外部から受けたとき、平常状態と比較して異常な動きを検知します。

まとめ

▶ **ディープラーニングは人間の操作なしで自動的に特徴を抽出できる学習**

▶ **画像認識、音声認識、自然言語処理、異常検知などが行える**

▶ **自動運転、自動翻訳、医師の診断支援などに応用されている**

06　機械学習とディープラーニングの違い

機械学習とディープラーニングには、特徴量の設定の有無と、扱えるデータの種類に違いがあります。ディープラーニングにより人間の操作が不要になり、活用の幅が広がった反面、処理のブラックボックス化という問題もあります。

● 非構造化データも扱えるディープラーニング

　機械学習とディープラーニングの違いは、コンピュータに学習させる項目について、**人間が学習項目を設定する必要があるかどうか**にあります。たとえば、明日のアイスクリームの売上を予測するとしましょう。このとき、アイスクリームの売上に関係がありそうな変数（天気や気温、曜日など）を人間が設定し、過去の天気や気温などのデータ、アイスクリームの売上データなどを用意して、その関係性をコンピュータに学習させます。このように、**人間が課題解決のために必要な項目（特徴量）を設定して学習させるのが機械学習**です。

　それに対して、**コンピュータがこの特徴量の設定から行うのがディープラーニング**です。たとえば、AIに猫の画像を識別させたいとしましょう。このとき、AIに猫を学習させるのに必要な特徴量を、人間が考えるのは現実的ではありません。なぜなら、**たくさんの例外が出てしまう**からです。

■ 機械学習とディープラーニングの違い

機械学習

耳の形が三角形
ひげが4本ある
しっぽがある
全身が毛で覆われている

人間がデータの特徴を設定する

ディープラーニング

人間が教えなくても特徴を把握する

　仮に「猫にはヒゲがある」という特徴量を設定したとしましょう。しかし、ヒゲが切れている猫も存在します。同様に、「猫は毛で覆われている」という特徴量を設定しても、毛がない猫もいます。このように、人間が特徴量を設定してもすぐに例外が出てしまい、**猫を明確に定義する特徴量を見つけることは困難**です。しかし、ディープラーニングの発明により、人間が特徴量を設定しなくても、画像認識や自然言語処理などができるようになりました。

　ディープラーニングが発明される前、機械学習を行うには**表形式などで整理された「構造化データ」**を用いる必要がありました。そのため、**表形式などで整理できない画像や音声などの「非構造化データ」**をAIに識別させることは難しいと考えられていました。画像や音声などの非構造化データは、前述の例のように、人間が特徴量に関するデータを付与しにくいからです。

　しかし近年、インターネットの発展や携帯端末の普及などにより、大量のデータを取得できるようになり、**非構造化データをそのまま学習させても、AIがそれなりに精度の高い識別ができる**ようになりました。このように、ディープラーニングにより、非構造化データも扱えるようになったため、AIの活用分野が大幅に広がり、近年のAIブームにつながっているのです。

■ディープラーニングによるAIの活用範囲の拡大

ディープラーニング前

	AA	BB	CC	DD	EE
11	***	***	***	***	***
22	***	***	***	***	***
33	***	***	***	***	***

値が数値や記号で表現されているような
表形式で構造化されたデータが中心

ディープラーニング後

画像　　音声

動画

表形式で整理されていない
データも扱えるようになった

◉ ディープラーニングのブラックボックス化問題

　ディープラーニングは、扱えるデータの種類が広がった反面、**人間が学習の方向性や内容などをコントロールできない**という難点があります。機械学習のように人間が特徴量を設定できるのであれば、「ヒゲがあるから猫と識別した」というように識別理由を説明できます。しかしディープラーニングでは、「なぜこの画像を猫と識別したか」は**モデルが複雑すぎて説明できない**のです。

　これは、「**ブラックボックス化**」と呼ばれる問題です。仮にディープラーニングを使ったシステムで何らかの問題が発生しても理由が説明できず、モデルをどのように改良してよいかわからないという事態が起こります。またAIを運用するとき、「なぜその判断に至ったのか」を説明できないため、現場で活用されないということも生じます。人間には、「中身がわからないものは安心して使えない」という心理がはたらくため、AIを活用する際は、AIの識別を説明して納得してもらう必要があります。

◉ 説明可能なAIとしてのXAI

　ディープラーニングは、機械学習などの従来の技術より、さらに**ブラックボックスの範囲が広くなっています**。そのため、近年では**XAI**（説明可能なAI）という概念が注目されています（P.181参照）。XAIには主に３つのアプローチがあります。

●Deep Explanation

　現在のディープラーニングのモデルに対して、**説明能力を付加する**というアプローチです。具体的には、ディープラーニングのモデルの特徴量の可視化、モデルに予測理由の説明を学習させる、などがあります。

●Interpretable Models

　解釈可能なモデルを構築するというアプローチです。具体的には、ベイズ推論に基づくモデル構築などがあります。

●Model Induction

　生じたブラックボックスのモデルに対して、**説明を行う別のモデルを構築する**というアプローチです。具体的には、ブラックボックスへの入出力とその挙

動を解析する手法などがあります。

■ XAIの処理のイメージ

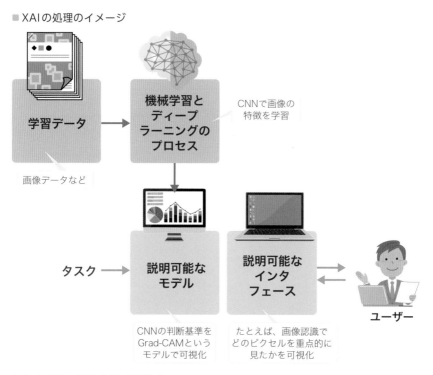

学習データ

画像データなど

機械学習と
ディープ
ラーニングの
プロセス

CNNで画像の
特徴を学習

タスク → 説明可能な
モデル

説明可能な
インタ
フェース

ユーザー

CNNの判断基準を
Grad-CAMという
モデルで可視化

たとえば、画像認識で
どのピクセルを重点的に
見たかを可視化

出典：DARPA XAIを参考に著者作成

まとめ

▶ 機械学習とディープラーニングの違いは、人間が特徴量を設定
する必要があるかどうか

▶ ディープラーニングで非構造化データも扱えるようになった

▶ ブラックボックス化への対処として XAI が注目されている

連合学習：プライバシー保護のための機械学習の手法

　機械学習やディープラーニングはデータが命です。学習済みモデルの構築には大規模なデータを必要とします。しかし実際の開発現場では、十分なデータを確保できないケースも多いでしょう。データ収集が進まない要因として、プライバシー保護の観点、公平な利益分配の観点、通信コストの観点などがあります。

■プライバシー保護の観点

　対象とするデータが個人情報を含んでおり、データの連携が簡単にできないケースがあります。たとえば、複数の病院の画像診断データを活用し、がんの影を見つけるモデルを構築したいとしましょう。治療に関わっているわけではない病院や研究機関などが、患者の病状データを大量に収集するのはハードルが高いといえます。

■公平な利益分配の観点

　学習済みモデルから得られた利益をどう分配するかも悩ましい問題です。たとえば、複数の組織から収集したデータで構築した機械学習モデルで収益を上げた場合、それぞれの組織にどのように利益を分配すればよいでしょうか。データ提供者への利益分配の公平なしくみをつくるのは難しく、データ提供者はコストがかかるわりにインセンティブがないという状況に陥りがちです。

■通信コストの観点

　複数の組織でデータをやり取りする場合、すべての組織が良好な通信環境を備えているとは限りません。通信速度によりデータ連携がうまくいかなくなってしまうケースもあります。

■データ収集の壁を突破できる可能性がある「連合学習」

　以上のように、データ収集は機械学習モデルを構築するうえで肝になるにもかかわらず、障害となるポイントが多いのです。このデータ収集の壁を解決する可能性をもつ手法が連合学習（Federated Learning）です。連合学習は複数の組織から、データではなく機械学習モデルの重みを収集し、各組織の重みを統合することで、全体としてより高精度のモデルを構築する手法です。

　たとえば、Googleでは2017年から、スマートフォンの文字変換で連合学習を実装しています。スマートフォンの入力データは個人情報を含むため、データを直接収集するのはハードルが高いといえます。そこで、各デバイスで予測モデルを構築し、モデルの重みの情報のみを収集して、文字変換サービスの精度向上を図っているのです。

　EUのGDPR（General Data Protection Regulation：一般データ保護規則）など、データ利用に関する規制は強化されていく傾向にあります。今後、プライバシーを保護しながら機械学習を行える連合学習は、有力な選択肢の1つになっていくでしょう。

2章

AIの基礎知識

AIの分野では、さまざまな言葉が使われます。大量のデータから導き出されたパターンを解釈するための基礎知識や、「相関」「因果」といった言葉の意味を押さえておきましょう。また、機械学習でよく利用される学習手法である、教師あり学習、教師なし学習、強化学習の基本的な考え方と、さまざまなデータを扱うAIの特徴についても知っておきましょう。

07 機械学習と統計学

本節では、「機械学習」と「統計学」という2つの関連の深い分野を比較し、考え方や用途の違いについて解説していきます。また、機械学習の結果をレポートなどで表示するときに必要な「データ可視化」についても触れます。

● 機械学習と統計学の違い

「機械学習」と「統計学」の違いを一言でいうと、機械学習は**データの予測や分類などの精度の向上**に、統計学は**データの解釈**に重きを置いています。

機械学習は基本的に、データの予測や分類などの精度が向上すればするほどよいといえます。そのため、機械学習のモデルの中身がわからなくても、精度が高ければそれほど問題にならない場合が多いです。ただし、最近はXAI（P.181参照）の研究が盛んで、AIの判断を可視化する研究も行われています。

一方、統計学はデータの解釈が目的なので、解釈できないような複雑なモデルを使うことは好まれません。また、「解釈できる」といっても、**相関関係はわかりますが、正確な因果関係まではわからない**場合がほとんどです。

●機械学習

AI自身が過去のデータからパターンを見つけ出し、新しいデータが入力されたときの出力を予測して、分類や識別を最適に行うことが目的です。

●統計学

データの特徴や傾向などに応じて、人間が理解しやすいようにデータを解釈し、**人間の判断や意思決定などに役立つ情報**を提供します。統計学には大きく分けて「記述統計」と「推測統計」の2種類があります。

・記述統計

収集したデータの特徴や傾向、性質などを、平均や分散などの統計量を用いて説明するものです。

・推測統計

「標本」や「サンプル」と呼ばれるデータから、標本を含むデータ全体である「母

集団」の特徴や傾向、性質を説明するものです。

　データから特徴を取り出す方法は主に、グラフ化して総合的に捉える方法と、「代表値」や「分布」などにより数量で要約する方法の2パターンがあります。グラフ化する方法は、レポートの作成や報告などのコミュニケーションの際に用いられ、数量で要約する方法は、客観性や厳密性などを重視して結論を導く際に用いられます。

◎ データ可視化のメリット

　「データ可視化」とは、**数値データなどをひと目見てわかる形式に加工**し、理解を助けることです。収集したデータから得られた結果を適切に伝えられなければ、データを分析する意味がありません。そこでグラフやチャートなどを使ってわかりやすく表示し、データの傾向などを理解しやすくします。

　データ可視化の主なメリットとしては、次のことが挙げられます。

●課題に気づいて対処できる

　たとえば、**CRM（Customer Relationship Management）システムで営業プロセスを可視化**すれば、メールを出し忘れている顧客に気づいて対処できます。また、ユーザーの行動パターンを収集していれば、普段と異なる状況が発生したときに対処できます。クレジットカードの不正利用検知などが典型例です。

■ データ可視化のメリット

課題に気づいて対処	属人的なスキルを平準化	共通理解を得られやすい
異常なパターンがあると、すぐに気づくことができる	個人による差異が生じにくくなり、誰でも同じ結果を得られる	グラフの推移などが直感的にわかり、共通理解となる

●属人的なスキルを平準化できる

　たとえば、熟練の修理工の視線をデータとして可視化することで、新人でも検査が可能になります。このようにデータを可視化することで、スキルの属人化を解消できます。

●誰もが理解できて共通理解を得られやすい

　単なる数値データの羅列では、理解できない人が出てきたり、異なる観点で解釈したりすることがあります。グラフなどでデータ可視化がされていれば、**誰もが直感的にわかり、共通理解を得やすくなります。**

○ データ可視化の手法

　データ可視化では、基本的に**グラフを使って表示**します。ここでは、データ可視化で押さえておくべき主なグラフの種類と特徴を挙げます。

●棒グラフ

　同じ尺度のデータを複数並べて比較したい場合に適しています。棒グラフであれば、「どの項目がどれだけ大きいか」「どの項目が同じくらいか」などがひと目でわかります。店舗別の売上の比較などに利用されます。

●折れ線グラフ

　データの時系列の推移を把握したい場合に適しています。売上や人口などの推移で利用されます。棒グラフとセットにして、売上の量と時系列の変化などを表したいときに活用できます。

●円グラフ

　円を全体として、それに含まれる**各項目の構成比を把握**したい場合に適しています。円を区切ってできた扇形の面積によって各項目の大小がわかります。

●積み上げグラフ

　円グラフと同様、**各項目の変化と構成比を把握**したい場合に適しています。複数の項目を円グラフより比較しやすいという特徴があります。円グラフと棒グラフ、折れ線グラフを1つにまとめたいときにも利用できます。

●レーダーチャート

　3種類以上の項目の大小でデータの特性を把握したい場合に適しています。人材の適性検査や、製品の品質評価などに利用されています。

●ヒートマップ

数値の大小やデータの強弱を色の濃淡で表した表です。実際の地図などを利用する場合があり、気温や雨量などを表現する際に利用されています。

■ データ可視化に用いられる主なグラフの種類

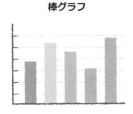

棒グラフ

折れ線グラフ

円グラフ

積み上げグラフ

レーダーチャート

ヒートマップ

	A	B	C
種別1	15%	22%	42%
種別2	40%	36%	20%
種別3	35%	17%	34%

まとめ

▷ 機械学習はデータの予測、統計学はデータの解釈が目的

▷ データを可視化すると異常に気づきやすくなり、スキルが平準化され、共通理解を得られやすいといったメリットがある

▷ データ可視化の手法としてグラフを活用するケースが多い

08 相関関係と因果関係

本節では、データを解析するために重要な「相関」と「因果」について解説します。似たような言葉ですが、相関関係と因果関係を混同すると重大な判断ミスにつながる可能性が高くなります。統計学の基本を押さえておきましょう。

● 2系統のデータがどれだけ似ているかを表す相関関係

相関関係とは、「**2つのものが密接にかかわり、一方が変化すれば他方も変化する**」というような関係のことです。たとえば、「身長」と「体重」は相関関係にあります。「一方が増えると、他方も増える」という関係にありますが、「一方が他方を決める」という関係ではないので、因果関係ではありません。

また、一方の値が増えると、他方の値も増える相関関係を「**正の相関関係**」といいます。逆に、一方の値が増えると、他方の値が減る相関関係を「**負の相関関係**」といいます。

● 2系統のデータに原因と結果がある因果関係

因果関係とは、**一方が「原因」、他方が「結果」になっている**関係のことです。たとえば、運動量と疲労度は因果関係にあります。

■ 相関関係と因果関係

因果関係は相関関係の一部であり、「因果関係がある→相関関係がある」という関係性

映画館を建てるかどうかは、「その商圏にどれだけの人口がいるか」に関係しています。因果関係には、このような2つの値の関係だけではなく、**多くの要素間の複雑な関係によるもの**もあります。たとえば、歴史的事実のリーマンショックなどが該当します。リーマンショックは、サブプライムローンを無計画に拡大した結果、支払いのできない人が増えて引き起こされました。その結果、株価が下がり、金融危機につながります。このように、原因と結果がつながっているものが因果関係です。

● 見かけ上の相関関係

相関関係を考えるうえで気をつけなければならないのは「**見かけ上の相関関係**」です。たとえば、企業内の調査で「体重」と「年収」に相関関係があったとしましょう。調査結果としては体重の数値が高いほど、年収が高いという関係が見られました。しかし実際は、「体重」と「年収」ではなく、「年齢」が関係しているのかもしれません。

・年齢が上がると、代謝が悪くなり、体重が増えやすくなる

・年齢が上がると、年功序列で年収が増加する

このように年齢の上昇に伴い、体重の数値と年収が上がっていくという関係になっている可能性があります。データだけ見れば相関関係があるように見えても、実は**別の要因が影響**しており、**一方が高くなれば他方が高くなる相関のように見える関係**を「見かけ上の相関関係」といいます。

■ 見かけ上の相関関係の例

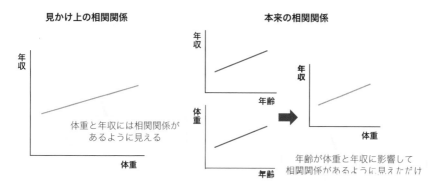

ほかにも、さまざまな例があります。たとえば、アイスクリームの消費量と焼きそばの消費量には相関関係があるように見えます。夏にはアイスクリームがたくさん売れそうですし、各地で夏祭りが実施されて焼きそばも多く売れそうです。逆に、冬にはアイスクリームや焼きそばを食べる動機やイベントなどが少なく、あまり売れないように思えます。

　しかしこの場合、アイスクリームの消費量と焼きそばの消費量に相関関係があるのではなく、気温が影響していると考えるのが自然でしょう。したがって、アイスクリームの消費量と焼きそばの消費量はともに気温との相関関係によって変化していると考えます。

　このように、見かけ上の相関関係は間違えやすいので注意が必要です。ただし、**見かけ上の相関関係を見抜くことは意外と難しい**ものです。そのため、仮に2系統のデータ群に相関関係が見られても、「本当は別の要因が影響しているのでは？」と疑問視し、再度確認を行うことが重要です。

● そのほかの注意点

　実務上で因果関係を推定するのはとても難しいことです。今回は**変数の少ない単純な例**を紹介しましたが、実務で分析する際は変数がもっと多くなります。そのため、**因果関係はほとんどわからない**と考えてよいでしょう。実務で統計を活用する際は、相関関係があるかどうかをもとに施策を判断し、実際に検証していくにつれて因果関係があることがわかってくることになります。

　原因と結果の関係を推定しようとする「**因果推論**」という分野があります。

●因果推論の証明の困難さ

　たとえば、「製品の広告費を増やすと売上が上がる」という関係があったとしましょう。一見、「広告費を増やしたら売上が上がる」ことに因果関係があると判断してしまいがちですが、それは正しくありません。

　広告費を増やしたとき、売上が上がったかどうかを判断するには、まず「**広告がある場合とない場合で売上がどう変わるか**」を検証しなければなりません。しかし、それは現実的に難しいでしょう。なぜなら、販売対象となる同じ人間に対して、広告がある場合とない場合を検証することができないからです。

　さらに、**ほかの要因の影響を排除する**必要もあります。広告以外のSNSな

どのチャネルの影響で売上が上がった可能性もあるでしょう。このように因果関係を証明するには、原因と想定されるものが「ある場合」と「ない場合」を比較したり、ほかに影響を与えそうな要因を排除したりする必要があるのです。そこで生み出されたのが**「ランダム化比較実験」**という考え方です。

●ランダム化比較実験

ランダム化比較実験では、調査したい原因以外の影響を排除するため、**ランダムにグループ分け**をします。また、対象者自身にもどちらのグループかわからないようにするなど、**厳密性を確保するための設定**が必要です。

広告費の例でいえば、まず「広告を見た集団」と「広告を見ていない集団」に分けます。さらに、広告以外の影響を排除する、SNSなどを普段見ない人だけを母集団にするほうがよいかもしれません。このように、原因の介入（この例では広告表示）があるグループと介入がないグループに分け、かつ各グループが同じような人で構成されている同質性があって初めて因果関係を調査できます。しかし、同質な母集団を人力で見分けるのは現実的に困難です。そこでランダムに母集団を形成し、**「いったんみなす」という考え方**ができました。

■ 因果推論のランダム化比較実験のイメージ

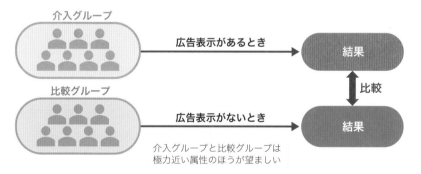

介入グループ

広告表示があるとき → 結果

比較グループ

広告表示がないとき → 結果

比較

介入グループと比較グループは
極力近い属性のほうが望ましい

まとめ

■ 相関関係は2系統のデータがどれだけ似ているかを示す

■ 因果関係では2系統のデータに原因と結果があるかを考慮する

■ みかけ上の相関関係で判断を誤る可能性があるので注意

09 機械学習と データマイニング

本節では、機械学習とデータマイニングを比較し、その違いを解説します。またAI開発に不可欠な、データベースからデータを抽出する際に使う「SQL」と、Web上からデータを収集する「スクレイピング」という技術も紹介します。

● データから有益な情報を発見するデータマイニング

　「データマイニング」は、**データのなかから有益な情報を発見する**ためのものです。あくまで人間の判断をサポートするためのしくみであり、最終的な判断は人間が下します。データマイニングの主な手法には、次のものがあります。

●クラスタリング

　似た属性をもつデータを同じグループに分ける手法です。たとえば、マーケティングなどで、自社の顧客を同じように振舞うと予想されるグループに分ける際（セグメンテーション）にクラスタリングが活用されています。

　これらの顧客セグメントに、別の製品の購入提案や、継続購入の提案、提案のパーソナライズ化などの用途に使われています。

●バスケット分析

　顧客がある商品を購入したとき、**一緒に購入されている商品を分析する手法**です。関連性の高い商品の組合せを発見することで、一緒に購入される頻度が高い商品との相乗効果を狙った販売促進や陳列などに活用されています。

●リンク分析

　「Facebookで誰と誰が友人になったか」「どの薬剤師がどのドラックストアでどの患者に処方したか」「誰がどんなブログを読んでいるか」など、**関連性とつながりを理解するための手法**です。

　リンク分析の基礎には「**グラフ理論**」と呼ばれる理論が用いられています。

●テキストマイニング

　大量の文字（テキスト）データから有益な情報を取り出す手法です。自然言語処理（第3章参照）の手法を用い、文章を品詞（名詞、動詞、形容詞など）に

分け、それらの出現頻度や相関関係を分析することで有益な情報を抽出します。

■ データマイニングの主な手法

クラスタリング

似た属性をもつ
データを同じ
グループに分ける

バスケット分析

顧客がある商品を購入したとき、
一緒に購入されている商品を分析

リンク分析

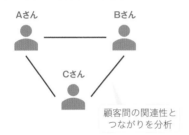

顧客間の関連性と
つながりを分析

テキストマイニング

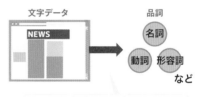

大量の文字（テキスト）データから
有益な情報を取り出す

● 機械学習とデータマイニングの違い

　機械学習では、データの予測や分類のためのモデルを作成し、学習によって
得られたパターンをもとにAI自身が判断を行います。ポイントは、人間の支
援だけではなく、**AI自身に判断を行わせようとする考え方**ということです。

■ 機械学習とデータマイニングの違い

	機械学習	データマイニング
用途	数値や属性などの結果を予測するために活用する	データごとの属性が互いにどのように関連しているかを調べる
人間の介入	情報抽出のために必要なパターンなどを自動的に学習する	情報抽出の手法を適用するために人間の介入が必要
活用例	画像認識など	顧客の行動パターンの把握など

● データを収集するためのツール

　機械学習やデータマイニングを実行するためには「**どうやってデータを収集するか**」を考える必要があります。ここでは、「SQL」などのデータベース言語を使い、データベースからデータを抽出する方法について見ていきます。

●データベースからSQLでデータを抽出

　機械学習やデータマイニングに利用するデータは、データベースに保管されています。データベースとは一言でいうと、「**データの集まり**」です。データベースは世の中にあふれており、LINEの連絡先一覧などもデータベースです。

　データベースは、SQLなどのデータベース言語を利用して操作します。SQLは、**データベース上のデータを管理するプログラムであるDBMS（DataBase Management System）の制御**を行います。SQLを利用することで、データベース上のデータの検索や抽出、書き換えなどが可能になります。

　データベース言語はデータを管理し、ユーザーが指定した条件に合うものを抽出するためのもので、それ以上の機能はありません。

■ データウェアハウス（DWH）からSQLでデータを抽出

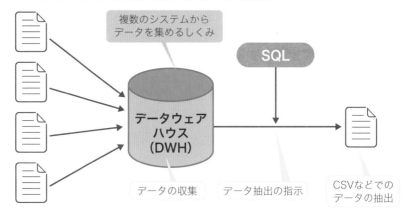

複数のシステムから
データを集めるしくみ

SQL

データウェア
ハウス
（DWH）

データの収集　　　データ抽出の指示　　　CSVなどでの
　　　　　　　　　　　　　　　　　　　データの抽出

●データベース管理システムの種類

　SQLが使える主なデータベース管理システムには、次のものがあります。

・MySQL

　Oracleが開発・サポートを行うデータベース管理システムです。無償ライセ

ンスと商用ライセンスがあります。MySQLは、複数のテーブルの結合などが
行いやすく、処理速度が速くて、最もシェアの高いデータベース管理システム
です。

・PostgreSQL

オープンソースのデータベース管理システムです。使い方はおおよそ
MySQLと共通していますが、MySQLより機能性が高く、できることが多いです。
たとえば、プログラミングでデータベース処理を組み込みやすいという利点が
あります。

・Microsoft SQL Server

Microsoftが提供するデータベース管理システムです。Excelなどと互換性が
あります。Windows製品との相性がよく、Windows製品との連携が想定され
ている場合などにメリットがあります。

●Webからのクローリングとスクレイピング

Web上のデータを収集したいときに使えるのが「**クローリング**」と「**スクレ
イピング**」です。クローリングとは、Webページ上のハイパーリンクをたどり、
次々にWebページをダウンロードする作業のことです。また、スクレイピン
グとは、ダウンロードしたWebページから必要なデータを抽出する作業のこ
とです。クローリングで**求めるデータがありそうなWebページをダウンロー
ド**し、スクレイピングで**そのWebページの必要なデータだけを抽出**します。

スクレイピングはWebサーバーに負荷をかけることがあるので、注意が必
要です。実際に岡崎市立中央図書館事件のようにスクレイピングを行ったユー
ザーが逮捕された事例もあります。スクレイピングは、著作権や利用規約など
に違反していないか、業務妨害にならないかなどを調べてから行いましょう。

まとめ

- ▶ データマイニングは、データから有益な情報を見つけ、人間の
  判断をサポートするためのしくみ
- ▶ データの収集にはSQLなどのデータベース言語が利用される
- ▶ Webから集める方法にクローリングとスクレイピングがある

10 教師あり学習とは

本節では、機械学習で最も利用される学習手法である「教師あり学習」についてより深く見ていきます。「学習するデータ」と「予測する値」などに応じて、主に「分類」「回帰」「時系列分析」の3つのタスクがあります。

● 学習段階と予測段階に分かれる教師あり学習

　教師あり学習では、「正解」がわかる状態で学習を行います。教師あり学習は通常、**正解（教師）データがある状態で学習済みモデルを最適化する「学習段階」**と、正解がわからない状態で**学習済みモデルの出力を予測結果とする「予測段階」**に分けて考えます。予測段階では、「**推論**」という表現がよく使われます。予測段階で学習段階になかった未知のデータを入力し、その未知のデータに対して適切な予測結果を出力できるようにすることが、教師あり学習の目的です。

　教師あり学習の最大の特徴は、**学習段階で正解がある**点です。教師あり学習では、データとともに正解データもセットで必要になります。たとえば、画像データであれば、「その画像が何の画像か」を示すラベルが必要です。手書き数字にラベルを付けた「MNIST」のようなデータセットが代表例です。

　文章の内容を予測させたいときは、「その文章が何についての文章か」を示すラベルが必要になります。日本語のデータセットでは、Livedoorニュースにジャンルの情報を付けた「Livedoorニュースコーパス」などが有名です（P.101参照）。

■ 教師あり学習には正解データが必要

画像データの場合

画像データ　　　正解ラベル

自然言語処理の場合

文章データ　　　正解ラベル

ニュース記事　　　グルメ

■ 教師あり学習の「学習段階」と「予測段階」

●学習段階

●予測段階

　実務などに教師あり学習を導入する際は、正解データの作成作業が最も大変で重要なポイントです。教師あり学習の導入時には、「**そもそも正解データを用意できるか**」という点を事前に検討しておくべきでしょう。

　たとえば、製造業で「不良品の検品」のタスクがあるとすると、これは正解データの作成が難しいタスクといえます。なぜなら**製造業では不良品がほとんど発生しないから**です。このようなケースでは、異常検知など、別の方法を考える必要があります。正解データの作成方法としては、ラベル付けを自分のチーム内で行ったり、外部の専門業者に手伝ってもらったりすることがあります。

教師あり学習の利用シーン

●分類

　分類は**予測結果が「どのグループに属するか」を推論していく**もので、教師あり学習で多く利用されます。具体例（P.50の上図）を見ていきましょう。

　このモデルはタイタニック号の乗客データをもとに、その乗客が「生存したか」「死亡したか」を予測するものです。乗客が「生存」と「死亡」のどちらのグループに属するかをAIに判断させます。

　分類には「2クラス分類」「多クラス分類」「多ラベル分類」の3種類があります。2クラス分類では、「2つのグループのどれに属するか」を学習します。多

クラス分類では、「3つ以上のグループのどれに属するか」を学習します。これらでは、1つのデータが複数のグループに属することはありません。多ラベル分類では、「3つ以上のラベルのどれに当てはまるか」を学習し、多ラベル分類の場合は、1つのデータが複数のラベルに当てはまるケースもあります。

■ 教師あり学習の「分類」のタスクの例

タイタニック号の生存者予測モデル

●回帰

回帰は「どのグループに属するか」ではなく、**数値を予測**します。

具体例を見てみましょう。ここでは住宅情報をもとに、その住宅の価格予測を行っています。敷地面積や建築年、リフォーム年などにより、住宅価格が変動することが予想されます。住宅価格を正確に予測することで、購入の判断が適切にできるようになります。また住宅価格以外にも、製品売上や入場者数などの数値を正確に予測することで、実務が最適化するケースは数多くあります。

■ 教師あり学習の「回帰」のタスクの例

住宅価格の予測モデル

●時系列分析

　時系列分析は「特定データの**過去の値を入力し、未来の値を予測する**」という タスクです。数値を予測することは回帰と同様ですが、複数の説明変数を使うことはせず、特定データの過去の値を入力する点が異なります。

　たとえば、為替が上がるか下がるかを予測するタスクなどは、為替という単一の基準で分析を行うので、典型的な時系列分析になります。

■ 教師あり学習の「時系列分析」のタスクの例

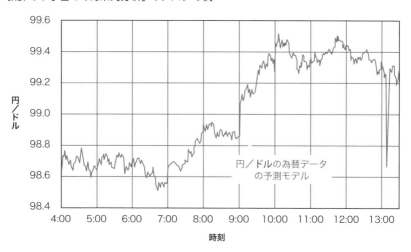

円／ドルの為替データ
の予測モデル

まとめ

▶ **教師あり学習は、正解データを AI に学習させる手法**

▶ **実務では正解データの作成が重要になるケースが多い**

▶ **収集した入力データや、予測したい出力データによって「分類」「回帰」「時系列分析」に分けられる**

11 教師なし学習とは

本節では、「教師なし学習」についてより深く見ていきます。教師なし学習は「既知のデータから分析結果を取得する」ことが目的といえますが、具体的にどのような分析結果が得られるかは、出力データの種類によって異なります。

● データから分析結果が得られる教師なし学習

　教師あり学習は、正解データがある状態で学習する手法でした。一方、教師なし学習は、**正解データがない状態で学習する手法**です。そのため、教師あり学習より難度が高く、実現できることも限定的です。教師なし学習には「学習段階」と「予測段階」の区別はなく、学習済みモデルに入力データを与えると、いきなり出力データが得られます。機械学習の手法の1つですが、データの特徴を明らかにしていく、データ分析の考え方に近いといえます。ここでは、教師なし学習のなかで「**アソシエーション分析**」「**クラスタリング**」「**次元削減**」を見ていきましょう。

■ 教師なし学習のイメージ

● 教師なし学習の利用シーン

●アソシエーション分析

　「アソシエーション分析」は、**商品などの関連性を見つける手法**です。たとえば、「ビールを買う人はおむつを買う可能性が高い」などが有名です。

　身近な例として、ハンバーガーチェーンでのアソシエーション分析について考えてみましょう。ハンバーガーチェーンではコーヒー無料券を配布することがありますが、そこにもアソシエーション分析の考え方が活用されています。ハンバーガーチェーンの商品は、よくセットで購入されます。そこで「**ハンバーガーとサイドメニューのどの組合せがよく購入されているか**」を調べることで、適切な販売促進を行うことができます。たとえば、アソシエーション分析で「単価の高いビッグバーガーとコーヒーがよくセットで購入される」という知見が導かれたとします。その場合、コーヒーを無料にしても、単価の高いビッグバーガーが購入される確率が上がるので、採算がとれるのです。

　アソシエーション分析というと難しそうですが、このように身近に使われている考え方です。

■ アソシエーション分析のイメージ

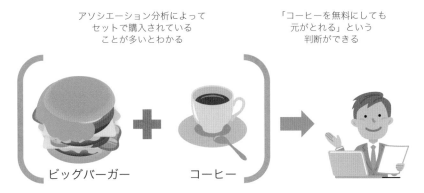

アソシエーション分析によって
セットで購入されている
ことが多いとわかる

「コーヒーを無料にしても
元がとれる」という
判断ができる

ビッグバーガー　　　コーヒー

● クラスタリング

　「クラスタリング」は、データの傾向をつかむために、似ているデータを順番にまとめていく手法です。これを「**階層的クラスタリング**」（P.226参照）といいます。そのほか、**k-means法**（P.222参照）という手法もよく使われます。k-means法では、座標上のランダムな点を重心として、重心に近い点でクラスターをつくり、重心をクラスターの点の平均に移動させる処理を繰り返します。

　クラスタリングは、マーケティングで顧客層を分けたいときや、教師あり学習で正解データのラベルを定義したいときなどに利用されます。クラスタリングにより「どの顧客がどの群（カテゴリ）に分類されるか」を知ることで、教師

■ クラスタリング（k-means法）のイメージ

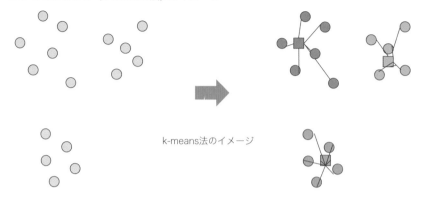

k-means法のイメージ

あり学習の学習データと正解ラベルのデータセットが作成できます。

　実際の実務や研究などでは正解データがないことがあります。そんなとき、似ているデータどうしで分類できるクラスタリングは、**学習データに正解ラベルを付けるのに便利な手法**です。

　正解ラベルを収集する方法は、できるだけ多くあるほうがよいので、正解ラベル作成のための手段の１つとして、クラスタリングも検討してみましょう。

●次元削減

　「次元削減」は、できるだけ情報を保ったまま、**高次元のデータを低次元のデータへ変換する**ことです。できるだけ特徴を失わずに２次元データに変換できれば、データの特徴を見つけやすくなります。主にデータ可視化を行い、データを説明する際に用いられます。次元削減の手法としては**PCA（Principal Component Analysis：主成分分析）**が代表的ですが、近年は**t-SNE**も人気です。

●教師なし学習の代表的なアルゴリズム

　教師なし学習にもさまざまなアルゴリズムがあります。代表的なアルゴリズム、クラスタリングと次元削減の向き不向きは下表のとおりです。

■ 教師なし学習の代表的なアルゴリズム

アルゴリズム	クラスタリング	次元削減
k-means法	○	×
PCA	×	○
t-SNE	×	○

■ t-SNEによるMNISTデータの可視化

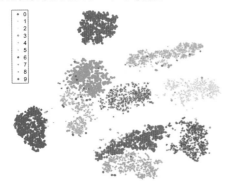

0から9までの手書き
数字をクラスターとし
て可視化

・k-means法

クラスタリングの代表的なアルゴリズムです。対象データを任意（k個）の
グループに分割します。クラスタリングには階層構造をもつ手法がありますが、
k-means法は階層構造をもたず、「**非階層的クラスタリング**」と呼ばれます。

・PCA

多くのデータから一定の法則を見つけ出す、次元削減の代表的な手法です。
たくさんある指標を少ない指標に統合し、データを理解しやすくしていきます。
代表的な例として、設問数の多いアンケート調査のうち、重要な２指標に絞る
ことで、２次元のグラフで可視化する手法などがあります。

・t-SNE

次元削減で近年人気の手法です。PCAより可視化のバリエーションが豊富で、
説明用の資料などを作成する際に重宝します。また、データサイエンスコンペ
ティションプラットフォーム「Kaggle」でもよく活用されています。このほかに、
階層的クラスタリングや自己組織化モデル、LSA（Latent Semantic Analysis）、
LDA（Latent Dirichlet Allocation）など、さまざまなものがあります。

まとめ

▷ **教師なし学習は「データから分析結果を得る」ことが目的**

▷ **活用例はアソシエーション分析、クラスタリング、次元削減など**

▷ **教師あり学習のラベル付けや判断支援などに活用される**

12 強化学習とは

本節では、「強化学習」についてより深く見ていきます。強化学習は機械学習の手法の1つで、「報酬を与え、報酬を最大化する方法を学習する」という手法です。ここでは、強化学習の基本的な考え方や応用例について見ていきましょう。

● 報酬が多くもらえる方法を学習する強化学習

強化学習とは、「エージェント」が「環境」の「状態」に応じて、**どのように「行動」すれば「報酬」を多く得られるか**を求める手法です。教師あり学習や教師なし学習とは異なり、学習データはなく、**AI自身の試行錯誤のみで学習する**ことが特徴です。

たとえば自動運転の場合、エージェントは自動車に、環境は走行中の道路に設定します。そして、ほかの自動車や障害物などにぶつからないときは報酬を、ぶつかったときは罰則を与えます。この学習を繰り返し、徐々にぶつからない方法を獲得していきます。

そのほかに、強化学習はロボットによる自動制御やゲームのクリアなどにも使われています。ここでは自動運転より身近な例を紹介していきます。

■ 強化学習のサイクル

● 強化学習に用いられる用語

　強化学習は、教師あり学習や教師なし学習とは異なる考え方のアルゴリズムで、用いられる用語も変わります。主に次の用語を押さえておきましょう。

●方策

　強化学習では、現在の「環境」の「状態」に応じて、次の「行動」を決定します。このとき、**行動を決定するための方針**を「方策」と呼びます。具体的には「ある状態である行動をとる確率」が方策になります。強化学習の目的としては、多くの報酬が得られる方策を求めていくことになります。

●即時報酬と遅延報酬

　エージェントは、基本的に報酬が多く得られる行動をとります。しかし、行動の直後に発生する報酬にこだわりすぎると、後々得られるかもしれない大きな報酬を見逃す可能性があります。このように、**行動の直後に発生する報酬を「即時報酬」**、**あとから遅れて発生する報酬を「遅延報酬」**と呼び、両者のバランスをいかにとっていくかが強化学習の重要なテーマとなります。

■ 強化学習に用いられる主な用語

用語	説明	囲碁の例
エージェント	環境に対して行動をとる主体	対局者
環境	エージェントがいる世界	盤面
行動	エージェントがある状態においてとることができる行動	具体的な打ち手
状態	環境が保持する状態（エージェントの行動に応じて更新される）	現状の盤面の状態
報酬	エージェントの行動に対する環境からの評価	勝率に即した評価
方策	エージェントが行動を決定する方針	対局者の戦略
即時報酬	行動の直後に発生する報酬	目先の石を取りに行く
遅延報酬	遅れて発生する報酬	目先の石ではなく、より大きい陣地を取りに行く
収益	即時報酬だけではなく、あとから得られるすべての遅延報酬を含めた報酬和	―
価値	エージェントの状態と方策を固定した場合の条件付きの収益	―

●収益

強化学習では、即時報酬だけではなく、あとから発生する遅延報酬を含めた**「報酬和」を最大化する**ことが求められます。これを「**収益**」と呼びます。

「報酬」が環境から与えられるものであるのに対して、「収益」はエージェント自身が最大化する目標として設定するものです。そのため、エージェントの考え方により、**収益の計算式は変わってきます**。具体的には、遠い未来の報酬を割引した報酬和である「**割引報酬和**」などが収益の計算によく使われます。

ちなみに、囲碁AIである「アルファ碁」は、この強化学習を活用することで飛躍的に進化しました。これは、強化学習の「報酬を最大化する方策は何か」という問いを立てれば、AI自体が対戦データをもとに学習できるからです。

● 強化学習の利用シーン

強化学習の利用シーンとしては「広告の最適化」や「Web解析」などが挙げられます。

●広告の最適化

強化学習のアルゴリズムに「**バンディットアルゴリズム**」と呼ばれるものがあります。これは「**多腕バンディット問題**」を解くアルゴリズムです。多腕バンディット問題とは、得られる報酬の期待値が異なる選択肢が複数あるとき、「できるだけ少ない試行回数で報酬のよい選択肢を選んでいき、報酬の合計を最大化したい」という問題です。これを応用し、複数の広告や広告手法があるとき、「どの広告が顧客や予約などを多く集め、目標を達成できそうか」という問題を解いていきます。

●Web解析

強化学習は、ロボットや広告入札などの分野で盛んに用いられてきましたが、Web解析でも活用が試みられています。一例として、ユーザーにとってほしい会員登録などの行動である、CV（コンバージョン）につながる行動経路を強化学習で突き止めるという取り組みがあります。たとえば、ユーザーがWebページに訪問してからCVに至るまでには「トップ画面→一覧画面→予約画面」など、複数の画面を移動します。その際、**ユーザーのWebサイト上での行動履歴を学**

■ 強化学習のバンディットアルゴリズム

バンディットアルゴリズム	広告の最適化

報酬の期待値が異なる
選択肢から、報酬の合計を
最大化するものを選択する

| 広告1 | 広告2 | 広告3 |

複数の広告から、
顧客や予約などを多く集め、
目標を達成できそうなものを選択する

習し、**CVにつながる最適な行動を把握**するのです。

　強化学習では「状態」「行動」「報酬」を定義して学習を行いますが、この場合はそれぞれ次のような項目を定義していきます。

①**状態**　流入元：どこからWebページに流入してきたか

　　　　　ログイン有無：Webページにログインしているか

　　　　　ページ訪問数：何回Webページを訪問したか

　　　　　曜日：どの曜日にアクセスしたか

　　　　　時間帯：どの時間帯にアクセスしたか

②**行動**　Webサイト上での商品検索行動など、CVにつながる行動

③**報酬**　CVに至ればプラス、Webサイトから離脱すればマイナスの報酬

「状態」「行動」「報酬」を設定したら、あとは**報酬が得られた場合と得られなかった場合の行動経路を学習**させていきます。この繰り返しでCVに至りやすい行動履歴とCVに至りにくい行動履歴を分析していきます。

　このように、強化学習は与えられた環境で報酬を最大化する方法を学習していくので、ビジネスでの汎用性が高い手法といえるでしょう。また、正解ラベルなどを用意する必要がないので、データセット作成の手間を削減できます。

まとめ

▶ 強化学習では「エージェント」が「環境」の「状態」から、どう「行動」すれば「報酬」を多く得られるかを求める

▶ 強化学習の応用として広告の最適化やWeb解析などがある

▶ 正解ラベルが不要で、データセット作成の手間を省ける

13 AIとビッグデータ

本節ではビッグデータについて見ていきます。近年、AI技術が注目されているのも、ビッグデータの収集のしくみと活用の手法が整ってきたことが大きいといえます。AI活用に不可欠なビッグデータの基本を押さえておきましょう。

● ビッグデータの定義とAIとの関連性

ビッグデータとは、一般的に「**大量かつリアルタイムに発生する構造化・非構造化データを蓄積し、それを分析・処理するための技術**の総称、あるいはそのデータそのもの」とされています。ビッグデータの特徴として「3つのV」と呼ばれるものがあります。それぞれVolume（量）、Velocity（速度）、Variety（多様性）です。これらを備えたデータ群がビッグデータとされます。

Volume（量）：データの量とその処理能力

Velocity（速度）：変化の速さとそれに追従できる更新頻度

Variety（多様性）：構造化されていない多様なデータ

■ ビッグデータの3つのV

Volume （データ量と処理能力）	Velocity （変化の速さと更新頻度）	Variety （多様なデータ）
ゼタバイト単位のデータ	これまでにない高頻度で発生して流れる大量のデータ	構造化データと非構造化データの複雑な組合せ

ビッグデータはディープラーニング（深層学習）と相性のよいものです。

ディープラーニングは多層化したニューラルネットワークのアルゴリズムにより、AIが必要なデータを自動的に抽出し、学習していくしくみです。ディープラーニングを行うためには、**必要なデータを抽出する前の「生データ」が大量に必要**になります。つまり、ディープラーニングにはビッグデータが不可欠なのです。また、AIの精度を上げるためには、データを何度も読み込ませ、学

習を積み重ねなければなりません。そのためにも大量のデータが必要です。

　ビッグデータの管理技術として押さえておきたいのは、2010年頃に登場した Apache Hadoop や Apache Spark です。これらの技術により、既存の RDB（Relational DataBase）では運用が困難だった、**数十テラバイトの大容量のデータを保管できる**ようになりました。また、テキストデータや画像データなどの**非構造化データも扱える**ようになりました。

　さらに大手 IT 企業を中心に、インターネット上でデータ管理を行うサービスが次々と発表されました。主なサービスとしては、2006 年に Amazon が Amazon Web Service（AWS）を発表。2008 年に Google が Google App Engine（GAE）を発表し、現在の Google Cloud につながっています。2010 年には Microsoft が Windows Azure を発表し、現在の Microsoft Azure につながっています。これらの技術は、2012年にディープラーニングが注目される少し前に整備され、このような**技術の発展が AI を実用レベルに押し上げる土台になった**といえます。

● ビッグデータの活用

　ビッグデータの活用例としては、次のようなものが挙げられます。
・コンビニエンスストアなどの POS データから顧客の動向を解析する
・寿司の皿に IC タグを取り付け、どの皿がどれくらい売れたかを把握する
・自動車に通信機能をもたせ、交通状況を解析する

■ ビッグデータの活用例

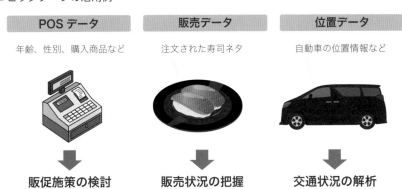

POS データ	販売データ	位置データ
年齢、性別、購入商品など	注文された寿司ネタ	自動車の位置情報など
販促施策の検討	販売状況の把握	交通状況の解析

◉ ビッグデータ活用における課題

●データ分析基盤

　データ分析基盤とは、**「膨大なデータを蓄積し、加工し、分析する」ことを一貫して行えるようにする技術的な基盤**を指します。組織で効率的にビッグデータを活用するには、データ分析基盤を整備する必要があります。

●セキュリティ対策

　多くの企業が活用するビッグデータには、顧客の購買行動に関する情報があります。顧客情報には、さまざまな個人情報が含まれていることが多く、それを安全に取り扱うためのセキュリティ対策が必要とされます。企業による個人情報流出が頻繁に起こっており、ビッグデータ活用の課題といえます。

●データサイエンティストの育成

　ビッグデータを扱う専門職を「データサイエンティスト」といいます。ビッグデータを活用する時代となっているにもかかわらず、日本ではデータサイエンティストが不足しているのが現状です。データ分析だけではなく、統計学やプログラミングスキルなども備えた人材の育成が急務となっています。セキュリティ対策と同様、人材育成もビッグデータ活用の課題といえます。

■ビッグデータ活用における主な課題

データ分析基盤の整備

データの収集、蓄積、加工、分析という
一連の流れを一貫して行うための基盤の整備

セキュリティ・人材

個人情報などの　　データサイエンスや
データの管理　　　統計学に強い人材の育成

　セキュリティ対策では、個人情報をデータベースで安全に取り扱えるよう、暗号化技術などが用いられます。また人材育成においては、各人材が大学教養課程レベルの数学や統計の知識を保持していることが望ましいでしょう。

● データの品質を考慮する

　ビッグデータを扱ううえでは、そもそも「品質のよいデータとは何か」も考慮しておく必要があります。データマネジメントの知識体系に「**DMBOK (Data Management Body of Knowledge)**」がありますが、DMBOKのデータ品質の評価軸として下表の項目が挙げられています。

　AI開発に利用するデータは、複数のデータベースからデータを抽出したり、時期によってデータの傾向が変わったりすることで、**品質が低下しやすい傾向**にあります。そのため、データの品質も定義したうえで、ビッグデータを活用していくことが望ましいでしょう。

■ データ品質の評価軸の例

評価軸	概要
正確性	データが表そうとする実体が正しく示されている
完全性	すべてのデータの要素が揃っている
一貫性	同じ実体を表すデータにが1つだけ存在する
最新性	データが期限内の実体を示している
精度	データの詳細度（有効桁数など）が十分である
プライバシー	アクセス制御と利用監視がなされている
妥当性	対象業務においてデータの整合性がとれている
参照整合性	参照元のデータが存在する
適時性	必要なときにすみやかにデータを利用できる
有効性	データが定められた属性（型・形式・精度・文字コードなど）が有効範囲に収まっている

✏ まとめ

▶ **ビッグデータは「大量でリアルタイムに発生する構造化・非構造化データを蓄積・分析・処理する技術、またはそのデータ」**

▶ **特徴はVolume（量）・Velocity（速度）・Variety（多様性）**

▶ **ビッグデータ活用の課題にはセキュリティ面と人材面がある**

14 データ別に見る AI の特徴

本節では、画像データ、時系列データ、自然言語データ、テーブルデータなど、入力データごとのAIの特徴について解説します。ここではそれぞれのデータで使われることが多い手法について見ていきます。

● 画像データのズレをCNNで認識

画像認識では、一般的に「**畳み込みニューラルネットワーク（Convolutional Neural Network：CNN）**」（P.160参照）という手法が使われます。CNNは、ニューラルネットワークに「Convolution（畳み込み）層」を追加したものです。

まずはニューラルネットワークの画像認識を見てみましょう。下図のように入力データの位置がズレていると、判定に影響が出ます。1マスのピクセル単位で認識するとズレがありますが、全体の傾向として黒いピクセルは左下から右上に伸びています。このような、**全体的な傾向を認識に反映させる手法**がCNNです。

■ニューラルネットワークでの画像認識

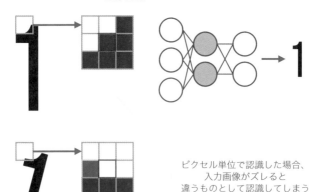

ピクセル単位で認識した場合、
入力画像がズレると
違うものとして認識してしまう

■ CNNでの画像認識

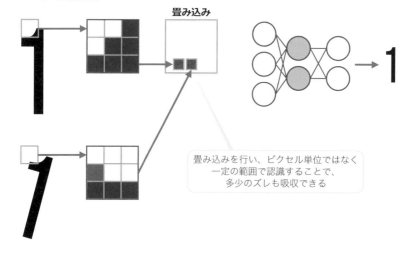

畳み込み

畳み込みを行い、ピクセル単位ではなく
一定の範囲で認識することで、
多少のズレも吸収できる

○ 時系列データの前後関係を考慮するRNN

　時系列データを扱うAIには、「**再帰型ニューラルネットワーク（Recurrent Neural Network：RNN）**」（P.104参照）などがよく使われます。RNNは、一方向のネットワークではなく、「**フィードバックループ**」をもちます。フィードバックループにより、前後関係を考慮した認識を行うことができます。

■ RNNとFFNNの違い

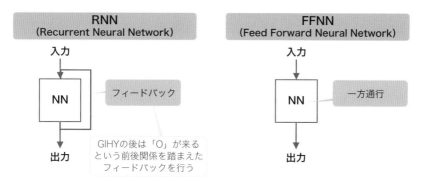

　たとえば、「G」「I」「H」「Y」のあとに入る文字（「O」）を認識するタスクがあるとします。本書の読者であれば、「O」が入って「GIHYO」（技評）になると認

識できます。しかし、単一方向にのみ進行するFFNNでは前後関係を考慮できず、「U」と認識することがあります。フィードバックループにより**前後関係を考慮して時系列のつながりを認識でき**、精度が向上するタスクもあります。

■ フィードバックループで前後関係を考慮した認識が可能

自然言語処理の係り受け構造も認識できるBERT

自然言語を扱うAIには、「**BERT**（Bidirectional Encoder Representations from Transformers）」（P.116参照）などが使われます。実務でも広く普及しており、標準的な手法になっています。「Bidirectional（双方向）」という言葉から読み取れるように、BERTは**前後関係や文法上の係り受け（P.81参照）も認識**できます。

既存の自然言語処理の手法は、単語単位で認識するモデルがほとんどでした。単語単位で認識すると、係り受けが認識しにくいという課題があります。たとえば、「とんこつ以外のラーメン店」で検索した場合、単語単位の認識では「とんこつラーメンのお店」が検索される可能性が高くなります。これは「以外の」が「とんこつ」に係っているという構造を認識できないためです。BERTでは

■ 従来の自然言語処理とBERTの違い

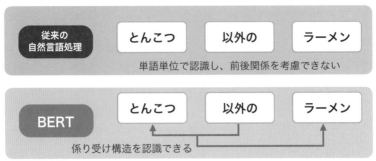

このような係り受け構造も認識でき、自然言語処理の応用の幅が広がりました。

　自然言語処理では、「**GPT**（Generative Pre-trained Transformer）」（P.122参照）のように人間が読んでも違和感のない文章を生成するモデルも発表されており、自然言語処理は2022年現在で最も注目されている分野といえます。

○ テーブルデータは決定木を活用した手法が主流

　テーブルデータでは、ディープラーニングを使ったモデルより、「**XGBoost**」（P.208参照）や「**LightGBM**」などの**決定木を活用した手法**が主流です。

　そのほかに「**TabNet**」などのニューラルネットワークの手法もあり、人気が出てきています。テーブルデータは、そのほかのデータ形式と異なり、ディープラーニングを使ったモデルの普及がやや遅れているといえます。今後どのような手法が登場するのか、関心が高まっています。

■ LightGBMを組み合わせた手法

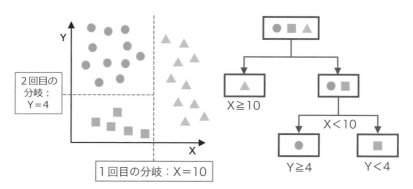

まとめ

- ▶ **AIは入力するデータによって使われる手法が異なる**
- ▶ **画像認識はCNN、時系列データはRNN、自然言語処理はBERTがよく使われる**
- ▶ **テーブルデータは決定木の手法がいまだに人気**

15 AIシステムの開発フロー

AIシステムの実装は目標達成が評価するまでわからず、手戻りが発生しやすいという難点があるので、余裕のあるフローを考えておくことが重要です。また、ビジネス面と技術面で陥りやすい「落とし穴」も念頭に入れておく必要があります。

● 4つの段階に分かれるAIシステムの開発

　AIシステムの開発には、大きく分けて「**ビジネス面**」と「**AI（技術）面**」の2つの視点があります。AIシステムの開発においては、この2つの視点をバランスよく反映する必要があります。

　AIシステムの開発フローには主に、「構想」「PoC（Proof of Concept：概念実証）」「実装」「運用」の4つの段階があります。

　AIシステムの開発においては、通常のシステム開発と異なり、「**どのような課題を解くか**」の検討も重要な要素です。なぜなら、適切な課題設定がされていないと、AIが解くのに向かない課題で開発が開始され、「実験はするものの実用化に至らない」といったことが起こり得るからです。前提として重要なことは、AIはあくまでビジネス課題を解くための1つの手段であり、AIが解く課題を適切に設定できなければ意味がないということです。

■ AIシステムの開発フロー

構想	PoC	実装	運用
課題の設定 ROIの検討 チームビルディング	仮モデルの構築 ROIの確認 モデルの精度評価	最終モデルの構築 設計・開発・テスト	保守・点検 データの更新 データの傾向に合わせたチューニング

①課題理解とKPI設定	②要件定義	③プロジェクト設計
課題と目標値の設定 ・ビジネス課題の理解 ・KPIの設定 　（例：CVR、設備の稼働率 　など）	**業務機能の定義** ・業務上のどの判断を AI 　に代替するか **運用機能の定義** ・モデルの精度の評価方法 ・モデルの監視方法 ・モデルの再学習の方法 ・モデルの管理フロー	**チームビルディング** ・意思決定者 ・現場担当者 ・AI エンジニア ・データサイエンティスト **契約関係** ・データやモデルなどの権 　利の合意

①課題理解とKPI設定

　まず**ビジネス課題の理解**とビジネス上の目標値である**KPI（Key Performance Indicator：重要業績評価指標）の設定**を行う必要があります。たとえば、「Webサイトの売上を増やす」という課題の場合は、コンバージョン率（CV率）をKPIに設定するとよいでしょう。また、製造業の「設備の予知保全を行う」という課題の場合は、設備の稼働率などをKPIに設定します。AIシステムの導入自体が目的化しないように、KPI設定をきちんと行うことが重要です。

　ただし、AIシステムの開発において、**最初から適切な目標値を設定することは難しい**でしょう。たとえば、レコメンドのアルゴリズムを構築する際は、多くの場合、「精度の高いモデルを構築すること」が目標になりますが、「どれほどの精度なら課題を解決できるか」を事前に定義することは困難です。

　したがって、あらかじめ目標となる項目を設定しておき、**具体的な目標値（数値）は実験をしながら定義していく**というスタンスで進めるのが現実的です。

②要件定義

　要件定義では「業務機能」「運用機能」「非機能要求」の3つを定義します。非機能要求に関しては、個別の企業や事例などに依存することが多いので、ここでは業務機能と運用機能について見ていきます。

　まず業務機能の定義では、「**業務上のどの判断をAIに代替するか**」を明確にし、その後、必要となる入力データをリストアップするとよいでしょう。たと

えば、「Webサイトの売上を増やす」という課題の場合は、「CV率の高そうなユーザーの選定をAIに代替する」といった業務機能の定義が考えられます。必要となる入力データは、クリック数などの行動履歴データとなるでしょう。

　また、製造業の「設備の予知保全を行う」という課題の場合は、「故障しそうな設備の予測をAIに代替する」といった定義が考えられます。必要となる入力データは、機器が発する音声データなどが候補になるでしょう。

　業務機能の定義が完了したら、次は運用機能を定義します。運用機能の定義では主に、「モデルの精度の評価方法」と「モデルの監視方法」「モデルの再学習の方法」「モデルの管理フロー」などを決めていきます。

　機械学習モデルをシステムに組み込んでも、モデルの精度の評価方法や、精度が低下したときの再学習の方法などを決めていないと、安定的な運用は困難です。安定運用を目指すために考慮する点としては次のことが挙げられます。

・実験環境などの条件を共通のものにする（評価や再学習の方法）

　AIシステムの開発では、たとえば活用したライブラリのバージョンがズレていると、実験の再現性が確保できなくなります。そのため、**ライブラリやOSなどの環境を記録**し、同じ条件で評価したり再学習を行ったりすることが重要になります。実験管理ツールとしては、MLflowなどがよく使われています。

・予測結果を簡単に確認できる状態にしておく（評価方法）

　機械学習モデルの予測結果をすぐに確認できる状態にしておくことも重要です。これにより、モデルの精度が落ちたとき、迅速に対処できます。

　具体的には、PythonのFlaskやRのShinyなどを使い、Webアプリを作成できます。クラウドサービスを使う場合は、Google Cloud AI Platform PredictionやAmazon SageMakerなどのホスティングサービスを使い、予測結果を確認するしくみを構築することも可能です。

・指標を活用してモニタリングする（監視方法）

　メモリの使用量、予測までの時間、予測の平均値・中央値・標準偏差などの統計量、欠損値やNaN（非数）などの値を確認し、安定して稼働しているかどうかをチェックするとよいでしょう。

③プロジェクト設計

　プロジェクト設計では、**データの収集方法やチームメンバーの体制について**

設計します。AIシステムの開発を成功させるためには、「意思決定者」「業務ドメインの知識に詳しい担当者」「機械学習モデルを構築するエンジニア」「データサイエンティスト」の4種類の人材が必要といわれています。この4種類のメンバーが開発に参画できるように調整を行いましょう。

ここまで定義すると、**AIシステム開発の全体像が規定**されます。AIシステム開発では、モデルの構築や精度の向上が焦点とされることが多いですが、課題設定、運用方法の決定、チームビルディングなどができていないと実用化が難しくなります。事前に上記項目について、きちんと検討しておきましょう。

◯ AIシステム開発の難しさ

AIシステム開発には、ビジネス面とAI（技術）面の2つの視点で、さまざまな難しさがあります。ここでは代表的なものを紹介します。

●ビジネス面

・目標設定について

AIシステム開発やデータ分析などにおいては、**「データが揃うまでどれくらいの精度が出せるかわからない」**ということが頻発します。そのため、何％の精度であれば十分なのかを事前に定義することは難しく、目標を設定しても当初の計画とズレることがあります。そのため、開発の際は、顧客に「目標設定にぶれがある」ことを事前に説明し、納得してもらう必要があるでしょう。

・顧客とのコミュニケーションについて

AIにあまり詳しくない顧客には、「AIを使えば課題が解決する」と考える人も多くいます。そのため、開発者が**「できること」と「できないこと」を適切に説明しておく**必要があります。顧客の要望や依頼内容などをよく理解し、検討して、実現可能性についての共通認識を丁寧に築いていくことが重要です。

・チームビルディングについて

「どの段階に時間がかかるか」が事前に想定しにくいのがAIシステム開発です。たとえば、前処理に手間がかかる場合、モデルの精度の向上に時間がかかる場合、データの解釈やレポートの作成に時間がかかる場合で、それぞれ必要な人材は異なります。開発を開始してから、ようやく必要な工数が見えてくることも多く、事前に割り当てた人員と必要な工数にズレが生じるケースもあり

ます。そのため、人員や工数には余裕をもたせておくとよいでしょう。

●AI（技術）面

・データのバイアスの問題（観測データと実環境の乖離）

　機械学習では、データのもつバイアスに気づかず、**ある特徴をもったデータ**
に偏って出力されてしまうことがあります。たとえば、レコメンドシステムを
構築する際に、人気のある作品ばかりが出力されてしまうケースがあります。

　人気のある作品は、クリックされたり評価されたりする数が多くなります。
そういったデータで学習すると、もともと人気のある作品ばかりが優先され、
「人気は低いがユーザーの嗜好に合っている」作品はいつまでも推薦されない
という偏ったレコメンドシステムができ上がってしまいます。

　機械学習には、**観測データが「実環境や予測対象をまんべんなく代表したデー**
タ」であるという前提があります。つまり、何らかのバイアスが入っているデー
タの場合、適切な出力を導くことは難しいのです。

　入力データにバイアスがある場合は、機械学習が機能しなくなってしまうの
で、このバイアスに気づけるかどうかは機械学習活用のための大きな技術的課
題となります。

まとめ

▸ AIシステム開発はビジネス面と技術面の2つの視点を組み合わ
せて考える必要がある

▸ 開発の上流工程では、課題理解とKPI設計、要件定義、プロ
ジェクト設計の順に進めていく

▸ ビジネス面と技術面の落とし穴を考慮して開発を進める

3章

自然言語処理の
手法とモデル

自然言語処理は、人間が日常的に話したり書いたりする言語をコンピュータで処理するための技術です。人間が用いる曖昧な表現や、複数の意味やニュアンスをもつ言葉などを、コンピュータで適切に扱うために、さまざまな手法やモデルが考案されています。ここでは具体例を用いながら、自然言語処理の手法やしくみを見ていきましょう。

16 ｜ 自然言語処理（NLP）とは

「自然言語処理（NLP）」は、私たちの身近な生活で活用されている技術です。ただし、現時点ではまだ万能とはいえません。まずはイメージをつかむため、NLPがどのような場面で活用されている技術なのかを見てみましょう。

● 日常で使う言語を処理するNLP

「**自然言語（Natural Language）**」とは、話し言葉や書き言葉など、私たちが日常的に話したり書いたりする言語の総称です。それに対して、CやPython、Javaなどのプログラミング言語のような、コンピュータに指令を出す言語を「人工言語（Artificial Language）」といいます。

　自然言語をコンピュータに処理させる技術や、処理できるようにするための研究分野を「**自然言語処理（Natural Language Processing：NLP）**」といいます。その歴史は古く、1940年代半ばのコンピュータ誕生とほぼ同時期に、コンピュータを使った自動翻訳（機械翻訳）（P.76参照）が考えられたといわれてい

■ 自然言語を処理するNLP

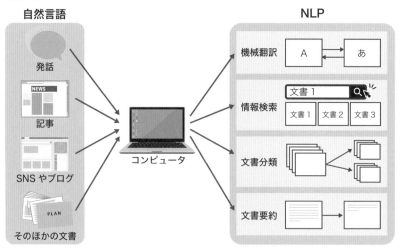

74

ます。NLPは、私たちが**普段話したり書いたりしていることをコンピュータに処理させる技術**です。

　ここでは、NLPの具体的な事例を交えながら、現在あるさまざまな技術や手法について解説していきます。それにより、「NLPを実現する技術や手法にどんなものがあるのか」「NLPが現時点でどこまでできるようになっているのか」をつかめるようにします。たとえば、「何となくNLPでうまく課題が解決するのでは？」という抽象的なイメージではなく、「課題の解決には○○○を準備する必要があり、それが準備できればNLPの□□□という手法で解決できるかもしれない」などと具体的にイメージできるようになることが目標です。

　なお、ここでは、**複数の文のまとまりを「文章」**、**文や文章のつながり方を「文脈」**と呼び、使い分けていきます。

■ 第3章の流れ

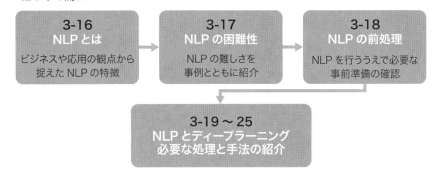

◯ 市場の伸びが期待されるNLP

　NLPをビジネスの観点から概観してみましょう。調査会社のMordor Intelligenceによる2021年1月の調査レポートでは、世界のNLP市場は**2020年の約107億米ドル（約1兆2,300億円）から2026年の約485億米ドル（約5兆5,700億円）**へと、市場規模が**約3.2倍**に伸びるといわれています。具体的には、医療やマーケティング、法務、知的財産など、さまざまな分野での用途が想定されています。市場が伸びる主な要因として、次のことが挙げられます。

　・変化の著しい社会環境において、すばやく正確な状況把握がしたい
　・人材不足により、できるだけ多くの業務をコンピュータに移行したい

● 身近なアプリに活用されているNLP

次に、NLPを活用した具体的なアプリをいくつか見ていきましょう。

● 機械翻訳

NLPの代表例として、まず「**機械翻訳（machine translation）**」が挙げられます。たとえば、海外の俳優が投稿した記事を読みたいときや、英語でのプレゼンが必要なときなどに、翻訳アプリを利用することがあります。その際、ある言語（**原言語：source language**）の文章をコンピュータで処理し、別の言語（**目的言語：target language**）に翻訳することが機械翻訳です。Google翻訳やDeepL翻訳などが、Web翻訳サービスとして多くの人に利用されています。

また、特許の分野では、翻訳家が機械翻訳の結果を下訳として活用することがあります。具体的には、人間が機械翻訳の結果を修正（ポストエディット〈Post Editing〉）し、実際の翻訳レベルに引き上げることで作業を軽減させています。

機械翻訳は2014年、ニューラルネットワークを使って機械翻訳を行う「**ニューラル機械翻訳（neural machine translation）**」が登場し、一気に精度が向上しました。現在では、「**Transformer**」（P.110参照）を使ったニューラル機械翻訳の手法が主流になりつつあります。

■ DeepL翻訳による機械翻訳の例

最近では発話（音声）を入力すると、目的の言語に翻訳して音声で返す製品が登場しています。入力と出力が音声によって行われる翻訳を「**音声翻訳**」といいます。これは第1章（P.28参照）で紹介した「**音声認識技術**」と、文字や文章を音声に変換する技術である「**音声合成技術**」を利用しています。

■ 音声翻訳のイメージ

発話　　　　　　　　　音声認識→機械翻訳

この道をまっすぐ行ってください

Go straight down this road.

Thank you!

● 検索エンジン

　「**検索エンジン（search engine）**」とは、ユーザーの求めている情報を、インターネットやサーバーなどの膨大なデータのなかから検索するシステムやソフトウェアのことです。NLPの分野では「**情報検索（information retrieval）**」といいます。GoogleやYahoo!などのインターネット上の情報を検索する検索エンジンのほか、図書館の蔵書検索、料理のレシピ検索など、多様な場面で利用されています。

■ 検索エンジンの検索窓・クエリ・文書

クエリ　Google　検索窓

インターネット上の情報を検索する場合、たとえばGoogleを開き、**入力欄（検索窓）**に目的のキーワードを入力して検索を行います。このとき、検索窓に入力するキーワードや文章を総称して「**クエリ（query）**」といいます。

検索を行うと、クエリに関連する検索結果がランク付けされて表示されます。ここでは、検索によって得られる各情報を「**文書**」と呼ぶことにします。ユーザーの求めている文書を上位に表示させるためには、**クエリとの関連性や文書の重要性を計測**する必要があります。文書の重要性は、過去にクリックされた数や文書どうしをつなぐリンク（ハイパーリンク）数などで決められます。

検索エンジンには**高速性**が求められます。検索のたびに膨大な文書をすべて検索すると時間がかかるので、文書に「**インデックス（index）**」と呼ばれる見出しを内部処理で付与します。図書館の書棚に付けられている「あ行」「か行」などの見出しのようなものがインデックスです。これにより、文書内の文字列をすべて検索することなく、ある程度「あたり」を付けて検索することで、効率よく目的の文書にたどり着くことができます。

検索エンジンには、複数のNLP技術が活用されています。たとえば、クエリに「かめら」と入力して検索すると、「カメラ」に関する文書が検索結果として表示されます。これは、検索エンジン内部で「かめら」と「カメラ」が同じ意味であるとみなし、検索結果を出力しています。このような、語形が異なるものの、意味がほぼ同じ語を「**同義語（synonym）**」といいます。

そのほか、クエリに「カメラ」と入力したときに「カメラ　初心者」「カメラ

■ 同義語のキーワード変換とクエリサジェスチョンの機能

スペル訂正

サジェスチョン

おしゃれ」など、次に続きそうなクエリの候補を表示し、ユーザーの調べたい内容をサポートする「**クエリサジェスチョン**」と呼ばれる付加機能も、NLP技術を用いています。

●対話システム（チャットボット、音声対話システム）

　人間がコンピュータやロボットと自然言語を使って対話するシステムを「**対話システム**」といいます。日常にはさまざまな対話システムがあります。その1つが「**チャットボット (chatbot)**」で、人間の短文での「問いかけ」の場合に対して、コンピュータがリアルタイムで返答するプログラムを指します。チャットボットは、問合せのWebページやLINEアプリなどで見かけることが増えました。

　また、コンピュータと音声で対話するシステムを「**音声対話システム**」といいます。具体的には、AppleのSiriやNTTドコモの「my daiz」などのサービスがあります。また、Amazon EchoやGoogle Nestなどのスマートスピーカーも登場しており、外出前に天気を知りたいときや、料理中で手がふさがっている際にタイマーを設定したいときなどに音声で操作できます。このやり取りは、ユーザーがコンピュータに「明日の天気は？」などと質問をして、コンピュータが回答するというものが一般的です。NLPでは、質問に対してコンピュータが回答を抽出する問題設定を「**質問応答 (Question Answering：QA)**」といいます。コンピュータは、過去の質問と応答のやり取りなど、インターネット上の膨大な情報をもとに回答を抽出しています。

まとめ

▶ **人間が話したり書いたりする言語を総称して自然言語という**

▶ **NLPは自然言語をコンピュータで処理する技術**

▶ **NLPは検索エンジンや対話システムなどに活用されている**

17 NLPにおける曖昧性と困難性

人間は自然言語を用いて意思疎通を行っています。本節では具体的な事例を見ながら、NLPに取り組む際に考える必要がある曖昧性や困難性を確認していきましょう。

● NLP実現の壁となる特有の困難さ

NLPで扱う自然言語には、特有の困難さがあります。自然言語は単語など、**人工的に作り出された記号の集まり**であり、物理的な法則がありません。たとえば、「死語」という言葉があるように、自然言語は時代とともに変化し、これまでの経験則が通用しなくなることがあります。また自然言語は、人間が意思疎通に用いるものであり、独特の言い回しを用いたり省略して表現したりするなど、表現が曖昧になります。曖昧とは、はっきりと決まらず、**単語や文の解釈が複数考えられる**ことを指します。つまり、相手によって受け取り方が変わる可能性があるのです。みなさんも、メールやチャットでやり取りした際、「思っていた回答と異なる」、あるいは「相手の意図を誤って解釈した」という経験があるでしょう。一般的に、人間にとって難しい処理は、コンピュータにとっても難しいのです。NLPは一筋縄ではいかないことが想像できると思います。

■ さまざまな解釈の可能性がある自然言語

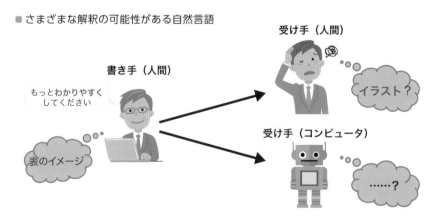

● NLPがもつ曖昧性や困難性

NLPの曖昧性や困難性について、具体的な例文を見ながら確認していきます。

「I bought a picture.」……①

さて、「I（私）」が購入したのは「絵（picture）」でしょうか、それとも「写真（picture）」でしょうか。このように表記が同じで、複数の異なる意味をもつ語を「**多義語**」といいます。英語には多数の多義語があります。

「こちらにはいしゃがいる」……②

「こちら」にいるのは「はいしゃ（歯医者）」でしょうか、それとも「いしゃ（医者）」でしょうか。日本語は、英語と異なり、単語の間を空白で区切ることがありません。そのため、**どこからどこまでが単語の区切りか**を判定する必要があります。日本語の場合は、このような区切りを見つけるために、「**形態素解析（morphological analysis）**」（P.86参照）という技術を使います。

「大きい犬と猫の写真を撮る」……③

これは曖昧性を表す例文です。筆者は「私」が「大きい犬」と「猫」の写真を撮ることを想像しました。しかし、この例文はほかの解釈もできます。「私」が「大きい犬」と「大きい猫」の写真を撮る場合と、「私」のそばに「大きい犬」がいて、「猫」の写真を撮る場合などです。どれが正解かは、この例文だけではわかりません。このように複数の解釈が発生するのは、「**文節の係り受け**」が原因です。つまり、「大きい」が「犬」だけに係るのか、「犬」と「猫」の両方に係るのかによって解釈が変わるのです。係り受けは「**木構造（tree structure）**」で表現されることが多く、「**構文解析（parsing または syntactic analysis）**」という技術によって係り受けの構造を把握します。

「これはとてもよい」……④

これは困難性を表す例文です。「これ」は何を指すのか、この文だけではわかりません。たとえば、「先日、カメラを購入した」という文が前にあれば、例文の「これ」は「カメラ」を指すことがわかります。このように、文中には「この」

「あの」などの指示代名詞、「私」「彼」などの人称代名詞など、代名詞が多く登場します。代名詞などのほかを参照する表現を「**照応詞 (anaphor)**」、「カメラ」などの参照される表現を「**先行詞 (antecedent)**」といいます。また、「これ」と「カメラ」の対応関係を「**照応関係 (anaphoric relation)**」、「これ」が「カメラ」を指すことを認識する技術を「**照応解析 (anaphora resolution)**」といいます。

■ 係り受けによって変わる解釈の一部

ちなみに、日本語のさらに厄介な点として、実は例文③では「(私は) 大きい犬と猫の写真を撮る」と人称代名詞が省略されています。日本語は、英語と異なり、代名詞を頻繁に省略します。省略された場合の照応を「**ゼロ照応 (zero anaphora)**」といいます。NLPで1つの文章だけではなく、文章どうしのつながり、つまり文脈を理解するには、照応関係も考慮する必要があります。

「この製品、すごくない」……⑤

最後に文脈で意味が変わる例文を紹介します。この文だけでは「この製品」を否定しているように見えます。この文は前文によって意味が変わってきます。前文で「この製品」を賞賛していた場合、「この製品、すごくない (!?)」と感嘆の意味を込めた文となります。ちなみに、ある文の内容が肯定的か否定的か認識することを「**極性分析 (sentiment analysis)**」といいます。

● NLPを行う前に準備するもの

NLPを行うためには、「**データセット**」が必要不可欠です。NLPにおけるデータセットとは、もちろん**文章データ**です。このような文章データを収集したものを「**コーパス (corpus)**」といい、教師あり学習 (P.48参照) で使う何らかの情報が付与されたものを「**注釈付きコーパス (annotated corpus)**」、単に文章のみを集めたものを「**生コーパス (raw corpus)**」といいます。

■ NLPで扱うことが多いコーパスの例

上記のようなコーパスが手元にない場合は、公開されているデータを利用してみましょう。ここでは、日本語の生コーパスの例を2つ紹介します。

青空文庫：著作権保護の期間を過ぎた作品と、公開が許諾された作品を電子化し、インターネット上で公開しているサービス

ウィキペディア：インターネット上のフリーの百科事典。閲覧のほか、誰もが執筆・編集が可能

まとめ

▶ **人間が普段使う自然言語には曖昧性や困難性がある**

▶ **文章データを収集したコーパスは種類が多様**

▶ **青空文庫のような公開されているコーパスもある**

18 | NLP の前処理

コーパスが入手できたら、NLPで解析を行ってみましょう。解析を行う前に、解析しやすくするための「データの前処理」が必要です。前処理には、正しい文字コードの適用、単語の分割、未知語の処理などがあります。

● NLPをイメージしやすくするための課題設定

NLPにおける前処理とは、**入力データである文章データを、コンピュータが処理しやすい形式に変換**することです。ちなみに、このように確率・統計的な手法を使って、大量の文章データから有益な情報を取り出す技術が**テキストマイニング**（P.44参照）です。

以降で、NLPを行うために必要な前処理について確認していきます。NLPによる課題解決をイメージしやすいように、次のような課題を設定します。

■ 課題の設定

> ・あなたは、お菓子メーカー「AI製菓」の社員の美咲さん
> ・ある日、定番のクッキー商品の口コミ分析を頼まれた
> ・口コミ数は全部で100件程度
> ・美咲さんは、口コミを生コーパスとしてNLPに挑戦しようとした

● 正しい文字コードの適用

今回、美咲さんが分析を依頼された口コミデータは、別部署がユーザーにアンケートを実施し、集計したものです。美咲さんがそのデータを受け取って中身を見てみると、読めない英数字と記号の羅列でした。どうやら「**文字化け**」が発生しているようです。

データの提供部署に確認すると、この文字化けの原因は「**文字コード**」にあることがわかりました。コンピュータで文字を処理するためには、0と1を並

べた数字列で表現する必要があります。各文字をどの数字列に変換するかという**割り振り規則**が文字コードです。文字コードには複数の種類があります。

　文字化けが発生した場合は、まず文字コードを疑うようにしましょう。あるいは現在、UTF-8形式が広く一般的に使われているので、あらかじめ「UTF-8形式でデータを収集して解析する」と決めておけば回避できます。

◉ データを利用しやすくするための単語の正規化

　美咲さんは文字化けを解消し、早速、口コミを読み始めました。すると、口コミによって表記にバラつきがあることに気づきました。

　①「クッキー」と「ｸｯｷｰ」の表記の違い

　②メーカー名の「AI製菓」と「エーアイ製菓」の表記の違い

　人間が見れば同じ意味とすぐに認識できますが、**コンピュータの処理では文字列が異なるので、別物として扱われてしまいます**。そのため、分析前に表記を統一しておきましょう。このような、データを利用しやすくするために一定の規則に基づいて変形することを「**正規化（normalization）**」といいます。

　具体的な変形として、まず①は**文字種の統一**を行います。半角文字を全角文字に変換する、などの処理を行います。②は辞書による**用語の統一**を行います。「エーアイ製菓」という固有名詞の表記をすべて「AI製菓」に置換します。

　正規化にはいくつかの方法があります。たとえば、「10月10日」や「20円」といった日付や金額などの数値情報が重要でない場合、「０月０日」や「０円」のように、文章中の数字を０などに置換する処理を行います。大切なことは、**「何の情報を抽出したいのか」「抽出に必要な正規化は何か」を考える**ことです。

■ 文字種の統一と用語の統一

　①文字種の統一

　②辞書による用語の統一

● 単語の区切りを明確にする処理

　美咲さんは口コミを読み、「どんな単語が多くあるか」を確認しようとしました。単語を集計するためには、コンピュータに文章を読み込ませ、「文章中のどこからどこまでが1語か」を教える必要があります。このときに必要な技術が**形態素解析**です。「形態素（morpheme）」とは**単語の最小単位**のことで、**単語の区切り、品詞、活用形などを求める処理**を総称して形態素解析と呼びます。

　英語には単語と単語の間に空白がありますが、日本語にはなく、単語の区切りが明確でないため、形態素解析が必要になります。ちなみに、単語の区切りに空白を入れて書く方法を「**分かち書き**」といいます。日本語の形態素解析を行う際は、オープンソースソフトウェアを用いることが多いです。MeCab やJUMAN、Janome、Sudachi、Kuromoji などがあります。出力結果のイメージとして、「お土産用にクッキーを買いました。」を解析した例が下図です。「EOS」とは、「End Of Sentence」の略で、文末を意味します。

　MeCabでは、辞書を使った「**コスト最小法**」で形態素解析を行います。これは、入力文を辞書中の単語で分割する候補（例：「東京都」を「東」「京都」、「東京」「都」にするなど）をすべて列挙します。辞書中の単語に適切なコストを付与しておくことで、分割した際のコストの合計が最小となるような形態素列を出力する方法です。このコスト推定には機械学習が使われています。辞書には、MeCab とともに標準的にインストールされるIPADic（情報処理推進機構〈IPA〉が研究

■ 形態素解析の結果の例

入力文：**お土産用にクッキーを買いました。**

```
お        接頭詞,名詞接続      *,*,*,*,お,オ,オ
土産      名詞,一般            *,*,*,*,土産,ミヤゲ,ミヤゲ
用        名詞,接尾,一般        *,*,*,用,ヨウ,ヨー
に        助詞,格助詞,一般      *,*,*,に,ニ,ニ
クッキー   名詞,一般            *,*,*,クッキー,クッキー,クッキー
を        助詞,格助詞,一般      *,*,*,を,ヲ,ヲ
買い      動詞,自立            *,*,五段・ワ行促音便,連用形,買う,カイ,カイ
まし      助動詞              *,*,*,特殊・マス,連用形,ます,マシ,マシ
た        助動詞              *,*,*,特殊・タ,基本形,た,タ,タ
。        記号,句点            *,*,*,*
EOS
```

86

用に公開している IPA コーパスに基づいた辞書）、IPADic に新語を大量に収録した MeCab-IPADic-NEologd などがあります。

　最後に、形態素解析で得られる「品詞の情報」について解説します。文章は文字列が連なってできています。文章や DNA 配列など、連なってできたデータを総称して「**系列データ**」といいます。形態素解析では、文章という系列データに対して、品詞という情報を付与する処理を行います。このようなデータに付与される情報を「**ラベル**」あるいは「**アノテーション**」「**注釈**」、系列データに対して情報を付与する処理を「**系列ラベリング（sequence labeling）**」と呼びます。系列ラベリングは「注釈付きコーパスと対訳コーパス」（P.98 参照）で再び解説します。

（P.98 参照）

● 辞書にない未知語を取り扱う処理

　システムの形態素解析で使う辞書に登録されていない単語を「**未知語 (unknown word)**」といいます。たとえば、「2021 ユーキャン新語・流行語大賞」に選ばれた「黙食」は、食事中は会話を控えて「黙って食べる」ことを表す単語です。この単語に対して形態素解析を行うと、「黙」「食」に分割され、「黙食」を**一語と認識しない**ことがあります。このようなデータを処理するときは、未知語の取り扱いを考える必要があります。**未知語が登場するたびに辞書登録を行う方法**もありますが、手間がかかります。そのため、辞書の代わりに大量のコーパスを使い、単語の分割位置を予測する SentencePiece なども登場しています。

● テキストマイニングの具体例

　口コミデータに対して形態素解析を行った美咲さん。口コミに出現する単語を集計し、集計結果を直感的に把握するために、可視化の手法として「**ワードクラウド**」を作成してみることにしました。その結果に、美咲さんはしっくり来ていないようです。ワードクラウドとは、文章中の**出現頻度の高さに応じて単語の大きさを変えて図示する**可視化手法の 1 つです。ここでは具体的に、口コミデータでワードクラウドを行うとどうなるかを見てみましょう。

　美咲さんの作成したワードクラウドは次図の左上です。「が」「に」などの助詞、「ます」「ました」などの助動詞の出現が多い結果となりました。これではどん

■ ワードクラウドの結果の例

①

②

③

④

な意見が多かったのか、よくわかりません。

　テキストマイニングでは、目的や図示の結果によって試行錯誤が必要になります。上図は試行錯誤の例です。

　① 前処理なし

　② 名詞や動詞、形容詞など、特定の品詞に条件を絞り込む

　③ ②の動詞や形容詞を終止形に変換する

　④ ③から分析に不要な語を除去する

　④で除去した語は、情報量が少ない語のことで「**ストップワード**」といいます。今回は「いる」「する」などの動詞、「これ」「私」などの代名詞のほか、クッキー購入後の意見に注目するため、「買う」「購入」などの単語も出現頻度が高いので、ストップワードとしました。何をストップワードとするかで結果は変わってきます。④から定番のクッキーについて、「味」の感想として「**美味しい**」、「**プレゼント**」用途で購入し、「**パッケージ**」に関する口コミがあったことが見えてきました。

● 重要な単語を抽出する処理

　口コミの文章数は投稿者によってばらつきがあり、なかには長文もあります。先ほどの例で、「美味しい」という単語が頻出していることがわかりましたが、ある1人の投稿者の口コミのなかで繰り返し出現しただけかもしれません。このような長文から重要な単語を抽出する「**TF-IDF法**」について解説します。

　「TF (Term Frequency)」とは、**単語の頻度**を意味します。これは前述のワードクラウドの大きさにあたる値です。一方、「DF (Document Frequency)」は**文書の頻度**、つまり、その単語を含む文書が口コミ総数のなかで何回出現したかを意味します。そして、「IDF (Inverted Document Frequency)」は「逆文書頻度」といい、**文書の頻度の逆数**（分子を口コミ総数、分母をDF）を用いて計算します。

　TF-IDF法は、TFとIDFとの積で求める手法です。下図は口コミ総数 (N) を10とした場合の計算例です。口コミAでは「美味しい」のTF値が高く、「パッケージ」のTF-IDF値が高くなります。つまり、口コミ全体で見ると、口コミAにおける重要な単語は、「美味しい」より「パッケージ」であるといえます。

■ TF-IDF法の計算例

TF

	口コミ A	口コミ B
美味しい	7	2
プレゼント	1	2
パッケージ	3	0

DF, IDF　　　　(N = 10)

	DF	IDF*
美味しい	5	0.30
プレゼント	4	0.35
パッケージ	1	1

*IDF = log(N/DF) により算出

TF × IDF

	口コミ A	口コミ B
美味しい	2.1	0.6
プレゼント	0.35	0.7
パッケージ	3	0

まとめ

▶ **NLPには、解析しやすくするための前処理が必要**

▶ **前処理には、文字コード、正規化、単語分割などがある**

▶ **TF-IDF法で文章中の重要な単語を抽出できる**

19 言語モデルと分散表現

NLPによる解析の流れが理解できたら、生コーパスから言語モデルや分散表現に変換してみましょう。分散表現でベクトルとして出力することで、単語の類似度の計算や、複数のタスクの入力情報としての利用が可能になります。

● 単語の出現確率を予測する言語モデル

前節では、生コーパスのなかの単語を、コンピュータで集計・可視化する過程を確認しました。本節では、機械学習を行うために必要な、単語をベクトルに変換する過程を確認していきます。事例を見ながら考えてみましょう。

■ 人間とコンピュータとの違い

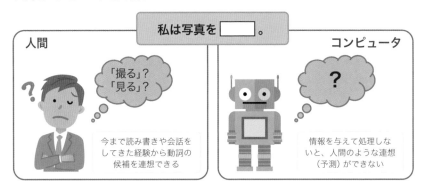

図の ▢ の部分には何が入るでしょうか。「撮る」「見る」などの動詞を想像する方が多いでしょう。人間はこれまでの経験から、主語「私」に対する述語の動詞が入る、あるいは助詞「を」のあとに動詞が来るといった**文法の知識を獲得**しています。コンピュータにこのような文法の規則を覚えさせるためには、生コーパスの情報を入力し、学習する必要があります。

ここでは「生コーパスを用いて単語を予測する」という、NLPにおいて基本的かつ重要なモデルである「**言語モデル（language model）**」について解説し

ていきます。言語モデルとは、生コーパスから**文章表現や単語の出現確率を算出するモデル**です。たとえば下図のように、「を」の次に「撮る」が来る確率を、生コーパスに出現する単語のなかから計算します。

このように、直前の1語を用いて次の単語を算出するモデルを「**バイグラム言語モデル（bigram language model）**」といいます。

次の単語を正確に算出することは、音声認識で音声から文章へと変換する場合や、機械翻訳で文章を生成する場合に重要な役割を担います。この言語モデルの研究から、分散表現（P.93参照）、後述するBERT（P.116参照）やGPT-3（P.122参照）に発展しています。

■ バイグラム言語モデルの例

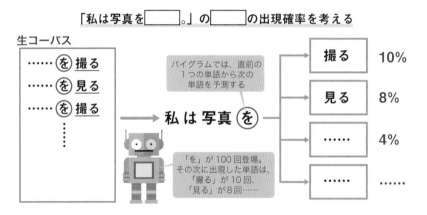

「私は写真を□□□□。」の□□□□の出現確率を考える

生コーパス

……（を）撮る
……（を）見る
……（を）撮る
　　：

バイグラムでは、直前の1つの単語から次の単語を予測する

私 は 写真 （を）

「を」が100回登場。その次に出現した単語は、「撮る」が10回、「見る」が8回……

撮る	10%
見る	8%
……	4%
……	……

● 単語をベクトルで表現する理由

第1章で人間が課題解決のために必要な項目を特徴量と呼ぶことを紹介しました。NLPの分野では、特徴量を「**素性（features）**」と呼ぶことがあります。素性はコンピュータで処理するため、**ベクトル**で表現します。ベクトルとは、**向きと大きさをもった量**のことです。

ベクトルについての簡単な例を見てみましょう。たとえば、「クッキー」「キャンディ」「ポテトチップス」をベクトルで表現してみます（P.92の図）。

図の軸を「**次元**」といい、「クッキー」は「甘さ－辛さ」と「硬さ－柔らかさ」という2次元のベクトルで表現されていることになります。さらに、「匂い」「見

■ ベクトル表現の例

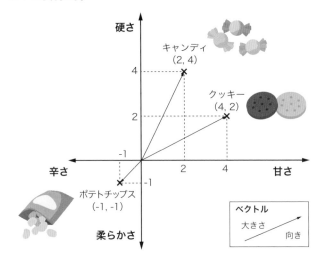

た目」などの次元を追加することで、「クッキー」という**概念に対する表現力が
増していきます**。コンピュータで処理するためには、上記のベクトル表現のよ
うに、単語を数値情報に変換する必要があります。このように一定の規則で変
換することを「**エンコード (encode)**」といいます。以降、単語をベクトルに
変換する方法を見ていきます。

単語を0か1の要素のベクトルで出力するone-hot表現

　まずは「**one-hot表現**」です。one-hot表現とは、**ある要素を1、それ以外を
0としたベクトルで表現**することです。たとえば、ある文章のなかに、n種類
の単語 (語彙数) が出現するとします。このとき、one-hot表現でn次元のベク
トルをつくります。つまり、単語ごとにn個の数値で表現するのです。このn
個のうち、n−1個 (n＝5なら4個) の値が0で、1個だけ1の値をとります。
どの単語を1にするかは、次の手順で決めます。

　① 各単語にID (1, 2, 3, ……, n) を付与する
　② IDがiの単語のとき、n次元のi番目の要素を1、それ以外を0とする
　③ ②をi＝1, i＝2, ……, i＝nのときまで繰り返し、ベクトルを作成する

たとえば、語彙数が100、単語「クッキー」のIDが20の場合、100次元の20番目の要素だけが1、残り99個が0のベクトル表現になります。one-hot表現では、語彙数が増えると**ベクトルサイズが大きく**なります。このようにサイズが変わることを「**可変長**」といい、コンピュータへの負荷が大きくなり、計算に時間がかかったりメモリ不足で計算できなかったりすることが発生します。

◉ ベクトルサイズを固定した分散表現（CBOWとSG）

one-hot表現の課題の解決方法として考案されたのが「**分散表現（distributed representation）**」です。one-hot表現とは異なり、分散表現のベクトルは任意のサイズに固定されます（**固定長**）。単語を固定長のベクトル空間に埋め込む処理であるため、「**単語埋め込み（word embedding）**」とも呼ばれます。

■ one-hot表現と分散表現の違いの例

語彙数によって変わる（可変長）

	おいしい	[0, 0, ……, 1, ……, 0, ……, 0, ……0, 0]	
One-hot 表現	うまい	[0, 0, ……, 0, ……, 1, ……, 0, ……0, 0]	⟹ 出現するベクトルの要素は0か1のどちらか
	スポーツ	[0, 0, ……, 0, ……, 0, ……, 1, ……0, 0]	

300次元など（固定長）

	おいしい	[0.1, ……, 0.2, ……, 0.9]	
分散表現	うまい	[0.09, ……, 0.19, ……, 0.8]	⟹ 出現するベクトルの要素は0〜1の間
	スポーツ	[0.7, ……, 0.7, ……, 0.01]	

分散表現は「似た文脈で出現する2つの単語は似た意味をもつ」という「**分布仮説（distributional hypothesis）**」に基づいています。たとえば、前述の口コミデータのなかで「美味しい」と「おいしい」という単語が出現する口コミの一部を抜粋したとき、2つの単語の前後に出現する単語が「とても」と「クッキー」だった場合、単語の前後情報と分布仮説から「美味しい」と「おいしい」が似た意味をもつ確率が高いとコンピュータが判断できるようになります。ここでは、分散表現の代表的なモデルである「**連続単語袋詰めモデル（CBOW）**」と「**連続スキップグラムモデル（SG）**」で理解を深めていきます。

■ 分布仮説のイメージ

生コーパス

	とても	美味しい	クッキーに出会いました。
これ！	とても	美味しい	クッキーだ！……
……	とても	おいしい	クッキーで、やみつきです。
……	とても	おいしい	クッキーが好きで、……

➡ **美味しい ≒ おいしい**

● 連続単語袋詰めモデル (Continuous Bag-Of-Words model：CBOW)

　CBOWは、**ニューラルネットワークを用いて学習**を行うことで、分散表現を得る手法の１つです。ニューラルネットワークは、入力層、中間層、出力層で構成されますが (P.27参照)、CBOW (P.95の左図) では各層が次の役割を担っています。

　入力層：単語をone-hot表現に変換したベクトル

　中間層：one-hot表現のベクトルから固定長のベクトルに変換する層

　出力層：各単語の出現確率

　単語の出現確率をより正確に算出できるように学習することで、**中間層のパラメータを調整**して分散表現を獲得します。ここで意味を表現したい単語を「**対象語 (target word)**」、その周辺に出現する単語を「**文脈語 (context word)**」といいます。CBOWでは、直前と直後の単語、つまり文脈語を用いて対象語を予測するモデルです。P.95の左図の「写真」が対象語となり、「私」「は」「を」「撮る」が文脈語となります。

● 連続スキップグラムモデル (continuous Skip-Gram model：SG)

　SGはCBOWと逆で、対象語を用いて文脈語の出現を算出するモデルです (P.95の右図)。

　これら２つの手法は、公開されている「**word2vec**」というツールで試すことができます。word2vecを試すには、「**gensim**」というオープンソースソフトウェアを**ライブラリ**として利用します。ライブラリとは、特定の機能をもつプログラムを定型化し、ほかのプログラムで引用できる状態にしてまとめたファイルのことです。また、gensimライブラリを利用したモデルには、日本語の分散表現を出力できる「chiVe」などがあります。chiVeでは、SGをもとに、国立国

■ CBOW（左）とSG（右）

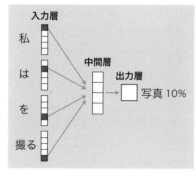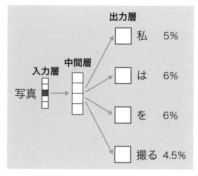

出典：Ledge.ai「Word2Vecとは」(https://ledge.ai/word2vec/) の図を参考に作成

語研究所の日本語ウェブコーパス（NWJC）で学習した分散表現を試すことができます。

● 分散表現のメリット

①単語どうしの類似度を計算できる

　P.92では「クッキー」「キャンディ」「ポテトチップス」でベクトル表現を説明しました。図では「クッキー」と「キャンディ」の**ベクトルが成す角度を計測**でき、2つの異なる概念を角度で表現できます。**角度が小さい場合は類似**していることを表し、「類似度が高い」あるいは「距離が近い」といいます。図では「クッ

■ コサイン類似度

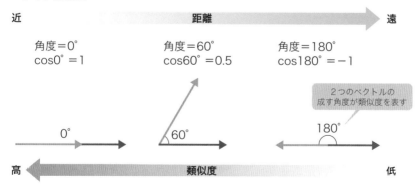

キー」は「ポテトチップス」より「キャンディ」に類似しているといえます。また、コサインを用いて、角度を−1から1に変換したものを「**コサイン類似度（cosine similarity）**」といいます。コーパスのなかの単語をベクトル化し、コサイン類似度を計算することで、「カメラ」の同義語候補の「かめら」を探す際にも利用できます。コサイン類似度はベクトルどうしの掛け算（内積）で計算します。

②単語どうしで演算できる

各単語の概念をベクトルに変換すると、**足し算や引き算といった演算**ができるようになります。ある単語Aの分散表現によって得られたベクトルを vector（A）と表記することにします。有名な例は、vector（queen）と vector（king）を用いたものです。vector（queen）は、次の演算式で算出できます。

vector（queen）＝ vector（king）− vector（man）＋ vector（woman）

同様に、vector（カレーうどん）は、次の演算式で算出できます（次図）。

vector（カレーうどん）＝ vector（カレーライス）− vector（米）＋ vector（うどん）

③NLPの複数のタスクの入力情報として利用できる

NLPには、第20節で紹介する「文書分類」や「質問応答」など、複数の課題があります。課題を共通化すると、知見の共有や精度の向上が可能になります。この課題のことを一般に「タスク」と呼びます。単語を固定長のベクトルに変換するので、**NLPの複数のタスクの入力情報として利用しやすい形**といえます。次項で具体例を解説します。

■ 単語の分散表現による演算のイメージ

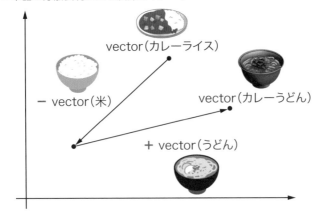

vector（カレーライス）

− vector（米）

vector（カレーうどん）

＋ vector（うどん）

● 分散表現の利用例（クラスタリング）

　最後に、分散表現の利用例を、第18節の事例を使いながら簡単に解説します。

　美咲さんは、定番のクッキー商品の口コミの分析を行うべく、ワードクラウド（P.88参照）の結果を眺めていました。ワードクラウドによる可視化で出現頻度の高い単語から目立った口コミの概略が見えてきたので、似た口コミどうしをまとめ、意見を分類しようと考えました。

　このようなときに利用するのが**クラスタリング**（P.44参照）です。クラスタリングで類似の口コミをまとめることで、嗜好や価値観の傾向などを把握できます。クラスタリングの手法である**k-means法**は、第11節（P.55参照）と第47節（P.222参照）で解説しましたが、たとえば次の手順により口コミのクラスタリングができます。口コミのベクトル化やk-means法のクラス数については試行錯誤が必要です。

　　・1番目の口コミを形態素解析で単語分割を行う

　　・分割後の各単語を分散表現でベクトル化する

　　・その口コミに出現したすべての単語どうしのベクトルの平均を計算する

　　・2番目以降の口コミに対しても同様の処理を行う

　　・すべての口コミをベクトル化したあと、k-means法でクラスタリングする

■ **まとめ**

　▶ 生コーパスから文章表現や単語の出現確率を算出する言語モデル

　▶ 固定長の分散表現で、単語の類似度を計算できる

　▶ NLPのタスクを解くために分散表現のベクトルが利用可能

20 注釈付きコーパスと対訳コーパス

前節では、NLPのタスクを実行するための準備を確認しました。本節では、2種類のコーパスを中心に、どのようなタスクで利用できるのかを解説します。また、機械学習のシステムを評価するための評価指標も紹介します。

◎ 言語的な解釈を付けた注釈付きコーパス

　一定量の生コーパスに対して、言語的な解釈を付けたコーパスを「**注釈付きコーパス (annotated corpus)**」といいます。「注釈 (annotation)」とは、ラベルのことです。ここでは2種類の注釈付きコーパスを、どんなタスクで利用できるかを紹介しながら解説していきます。

●系列ラベリング

　系列ラベリングについては、第18節の形態素解析（P.87参照）で説明しました。形態素解析では、文章中の単語を分割し、**各単語に品詞などの情報を付与**します。この品詞の情報は、ある文章（系列データ）に品詞のラベルを付与した注釈付きコーパスを構築して学習することで、予測できるようになります。

　品詞以外に、「**固有表現 (named entity)**」をラベルとして用いる場合があります。固有表現とは、人名、地名、組織名などの固有名詞、日付や時間などの数値表現の総称です。文章中の固有表現を認識する技術を「**固有表現認識 (Named Entity Recognition：NER)**」と呼びます。固有表現認識も系列ラベリングの1つです。

　ここでは具体的に、第18節の口コミの事例（P.84参照）を使い、コーパスに固有表現の解釈を付ける方法を見ていきましょう。P.99の表は、固有表現認識のラベルの例です。「B-日付表現」のように、各単語に固有表現の開始を表す「B (Begin)」、継続を表す「I (Inside)」、固有表現外を表す「O (Outside)」のラベルを付与します。このようなラベルを「**BIOモデル**」といいます。

　固有表現が認識できると、競合他社の企業名や製品名など、**品詞と異なる視点で情報を抽出できるようになります**。抽出したい固有表現を設定し、生コー

パスにBIOラベルを付与することで、注釈付きコーパスを構築できます。学習の手法には、ある文章を入力したとき、BIOラベル列となる条件付き確率（ある条件下で別の事象が起こる確率）を計算して求められる「**条件付き確率場（Conditional Random Fields：CRF）**」や、ディープラーニングの「**BERT**」（P.116参照）などがあります。

■ 固有表現認識のラベルの例

単語列	BIO ラベル列
2022	B-日付表現
年	I-日付表現
に	O
エーアイ	B-組織名
製菓	I-組織名
の	O
クッキー	O
を	O
翔太	B-人名
が	O
購入した	O

●文書分類

系列ラベリングでは、文章中のある文字列にラベルを付与しました。文字列ではなく文章全体に対し、ある規則に基づいて分類するタスクを「**文書分類**」といいます。ニュース記事の「政治」「経済」「国際」など、**カテゴリを予測するのも文書分類**の一種です。そのほか、ある文の内容が肯定的か否定的かを認識することを極性分析（P.82参照）と説明しましたが、これも文書分類の1つです。

クラスタリングでは、分類したい数は調整できても、人間が分類したい軸と異なる分類になる場合があります。文書分類では、**分類したい軸を定義し、人間が注釈を付与**できます。

口コミの事例に対して、学習データを構築する方法を確認しておきましょう。ここでは、肯定的な意見に「0」、否定的な意見に「1」のラベルを付与する二値分類にします。また、肯定も否定もしていない口コミを分類したい場合は「肯定」「否定」「中立」の三値にするなど、予測したい粒度に応じてクラス数を変更できます。学習手法には、教師あり学習の「**ランダムフォレスト**」（P.204参照）

や「**BERT**」（P.116参照）などがあります。

■ 文書分類（極性分析）のラベルの例

ラベル	口コミ
0	このクッキー、ワインに合う！買ってよかった。
1	コスパが悪い。商品Bのほうがよい。
⋮	⋮
0	バターのいい香りがして大好きです。また購入したいです。

※ラベル「0」：肯定的な意見、ラベル「1」：否定的な意見

◉ 翻訳前と翻訳後の文章対の対訳コーパス

　機械翻訳タスクでは、生コーパスのなかで翻訳関係にある2言語の文書対のコーパスが必要になります。このようなコーパスを「**対訳コーパス（bilingual corpus）**」といいます。原言語と目的言語（P.76参照）がペアになります。

■ 対訳コーパスの例

原言語（英語）	目的言語（日本語）
I ate a **cookie**	私は**クッキー**を食べた。
The **cookie** was sweet.	**クッキー**は甘かった。

　大量の対訳コーパスを用いて、異なる言語の単語どうしの対応や語順の並べ替えを統計的に学習して翻訳する手法が「**統計的機械翻訳（Statistical Machine Translation：SMT）**」です。SMTの代表的なモデル「IBMモデル」で用いられる「**単語アライメント（word alignment）**」の考え方についてP.101の上図を用いて説明します。たとえば、図の2つの文章には、両方に「cookie」と「クッキー」が登場しています。ここから、この2つの単語に対応関係がありそう、つまり「cookie」を「クッキー」と訳す確率が高いことが見えてきます。さらに、多くの対訳コーパスから対応関係を計算することで、翻訳が可能になります。

　ニューラルネットワークを用いた「**ニューラル機械翻訳（Neural Machine Translation：NMT）**」の手法は2014年以降に多く考案され、その精度の高さから現在の主流になっています。具体的な手法はP.108以降で見ていきます。

■ 単語アライメントの例

また、原言語から目的言語に翻訳するしくみは、機械翻訳だけではありません。ほかにも、次のような用途で応用されています。

■ 対訳コーパスの応用例

公開されている主な注釈付きコーパス

公開されている注釈付きコーパスには、主に次のようなものがあります。

京都大学ウェブ文書リードコーパス：ウェブ文書の冒頭3文にさまざまな注釈を付けた約5,000の文書コーパス

livedoorニュースコーパス：ロンウイットが収集し、可能な限りHTMLタグを取り除いたうえで公開している9種類のニュースコーパス

前述のコーパスのほかに、Papers With Code: The latest in Machine Learning の Datasets の Web サイトでは、NLP用のコーパスに限らず、**画像や動画、音声などのデータセット**（機械学習で用いるデータのまとまり）が公開されています。Web サイトでは、文書分類などのタスクで絞り込みも行えます。

■ Papers with CodeのDatasetsのWebサイト (https://paperswithcode.com/datasets)

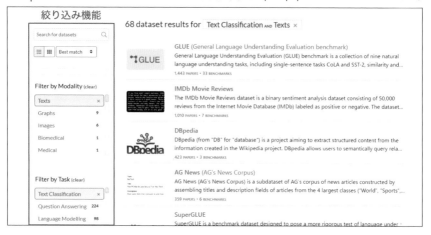

また、データ分析コンペティション（コンペ）のプラットフォームも参考になります。英語版では「Kaggle」（P.55参照）、日本語版では「SIGNATE」や「Nishika」があります。このようなプラットフォームでもデータセットが公開されており、自分の課題に似たコンペが開催されている可能性があります。

● コーパスを使って構築したシステムの評価指標

注釈付きコーパスを使って学習を行い、システムを構築すると、そのシステムの性能を評価する必要性があります。評価指標には、主に次のものがあります。

・Recall、Precision、F-1 score

この評価については第5章で改めて解説します。

・BLEU (Bilingual Evaluation Understudy)

機械翻訳の評価に用いられる代表的な指標です。「プロの翻訳者の翻訳に近ければ精度は高い」ということを前提とした評価方法です。

BLEUでは、「**Ngram**」を用いて計算を行います。Ngramとは、N個の単語列を指し、N＝1のときはユニグラム (unigram)、N＝2のときはバイグラム (bigram)、N＝3のときはトライグラム (trigram) と呼び、Nが4以上のときはそのままエヌグラム (Ngram) と呼びます。

BLEUでは、N＝1〜4までの翻訳結果と正解の翻訳の、それぞれのNgramが

どれだけ一致しているかを求めます。ただし、この方法は万能ではありません。
具体例を見てみましょう。

正解の翻訳：	**These cookies are delicious.**
システムAによる翻訳：	These cookies are very good.
システムBによる翻訳：	These cookies are very bad.

■ BLEUの計算の一部

○ユニグラム（**N＝1のとき**）

　正解　：｛**These**, **cookies**, **are**, delicious｝

　システムA：｛**These**, **cookies**, **are**, very, good｝

　　正解と一致しているのは5個中3個（3/5 ＝ **0.6**）

　システムB：｛**These**, **cookies**, **are**, very, bad｝

　　正解と一致しているのは5個中3個（3/5 ＝ **0.6**）

○バイグラム（**N＝2のとき**）

　正解　：｛**These-cookies**, **cookies-are**, are-delicious｝

　システムA：｛**These-cookies**, **cookies-are**, are-very, very-good｝

　　正解と一致しているのは4個中2個（2/4 ＝ **0.5**）

　システムB：｛**These-cookies**, **cookies-are**, are-very, very-bad｝

　　正解と一致しているのは4個中2個（2/4 ＝ **0.5**）

　BLEUの計算の一部を上図で紹介します。N＝1とN＝2のとき、システムA
とシステムBが同じスコアになりました。しかし、人間は「good」のほうが「bad」
より「delicious」の意味に近いと感じられシステムAのほうが性能がよいよう
に感じるのではないでしょうか。BLEUは（実際の計算はもう少し複雑ですが）
単語の一致率から算出される指標のため、今回のケースでは両システムのスコ
アが同じになります。現在もシステムの評価指標に関する研究が続いています。

■ まとめ

▶ **言語的な注釈を付与したコーパスが注釈付きコーパス**

▶ **注釈付きコーパスで固有表現認識や文書分類などができる**

▶ **システムの評価指標にはBLEUなどがある**

21 再帰型ニューラルネットワーク（RNN）

これまでNLPの前処理やコーパスなどについて解説してきましたが、データの蓄積でようやくディープラーニングが行えるようになります。まずはNLPに適用される代表的な手法の「RNN」「LSTM」「Seq2Seq」を押さえましょう。

● NLPに適用できるディープラーニングの登場

さて、次の例文の空欄には何が入るでしょうか。

「昨日、私はキャンディとクッキーを購入し、クッキーを全部食べてしまった。今日、私が食べるのは｜　　　｜だ。」

　人間の場合、昨日購入し、まだ残っていると思われる「キャンディ」を文脈から想像するでしょう。バイグラム言語モデル（P.91参照）では、直前の単語から次の単語の出現確率を算出しますが、今回の文章の場合、**直前の単語だけでは空欄の予測が困難**です。したがって、これまでの経緯（文脈）の情報をコンピュータで処理しやすいものに変換し、人間の感覚に近い結果を目指します。

■ ディープラーニングをNLPに適用した手法の登場

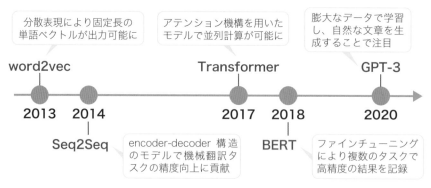

出典：柴田知秀「深層学習による自然言語処理入門」（SlideShare）、emi hosokawa「自然言語処理（NLP）の進化と顧客サポートでの活用」（モビルス）を参考に作成

近年、コンピュータの処理能力が飛躍的に向上したことに伴い、**ディープラーニングの手法を適用**し、文脈の情報を柔軟に表現できるようになりました。ここからは、ディープラーニングの手法の解説に入っていきます。

　まずは歴史的な流れを押さえておきましょう。分散表現の「word2vec」(P.94参照)が2013年に考案され、それ以降、**NLPにディープラーニングを適用した手法**が多く登場するようになりました。P.104の図は、本書で解説する代表的な手法を時系列で並べたものです。過去の手法の課題を解決しながら、今も日進月歩で進化しています。まずはベーシックな手法から見ていきましょう。

◉ 情報をループさせて学習するRNN

　まずは「**RNN**」(P.65参照)を確認しておきましょう。RNNは、系列データ(P.87参照)を扱う際に利用されるニューラルネットワークの1つです。この手法は、NLPだけではなく、株価予測や音声・動画の認識などにも利用されます。

　このモデルは、**ループする経路(フィードバックループ)をもつ**という特徴があります。ループのなかで過去の情報を保持しながら、新しい情報を学習します。ここでは、P.90の例文「私は写真を撮る」を使って解説していきます。

　例文中の単語「を」を入力したときに「撮る」が出現する確率を出力する言語モデルを考えます。このような、RNNを用いた言語モデルを「**RNN言語モデル(RNN Language Model)**」といいます。簡略図はP.106の下図の左側です。

　ニューラルネットワークは、入力層、中間層、出力層の3層構造となっていますが、RNNも基本構造は同じです。入力層に単語を入力する際は、**分散表現を用いてベクトルに変換**します。図の左側を展開すると右側になります。つまり、右側のループは、単語「を」より前にある単語の、「私」、「は」、「写真」の情報を中間層にもち、引き継いでいることを表しています。

　そして、「撮る」と予測できるように中間層のパラメータを学習します。つまり、RNN言語モデルはバイグラム言語モデルに比べて、**過去の情報を用いて「撮る」を予測できる手法**といえます。RNNは縦方向に見ると、入力層、中間層、出力層の3層ですが、横方向に過去に出現した単語数分のネットワークの層の情報を用いていることから、ディープラーニングの手法といわれています。

■ RNN言語モデルの構造

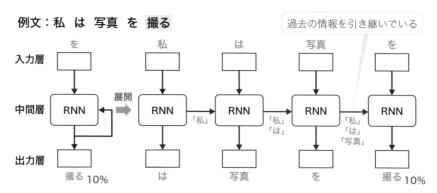

出典：斎藤康毅『ゼロから作るDeep Learning② 自然言語処理編』（オライリージャパン）、植田佳明
「再帰型ニューラルネットワークの「基礎の基礎」を理解する 〜ディープラーニング入門（第3
回）」（アイマガジン）を参考に作成

● 情報を取捨選択して記憶するLSTM

　みなさんは、生まれてから今日までのことをすべて覚えているでしょうか。
多くの方は、すべてではなく印象的な出来事だけを覚えている程度でしょう。
RNNの構造は、言わば創業当時から継ぎ足している秘伝のタレのように学習
していきます。そのため、古い記憶、つまり予測したい**単語から離れた位置に
ある単語の情報は反映が困難**という難点があります。

　今回解説する「**LSTM（Long Short-Term Memory：長・短期記憶）**」は、**過
去の情報を取捨選択して記憶する構造をもちます。**

■ RNNとLSTMの違い

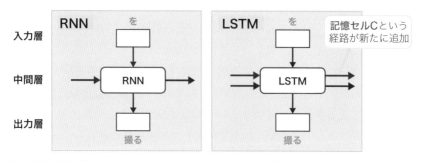

出典：斎藤 康毅『ゼロから作る Deep Learning② 自然言語処理編』（オライリージャパン）、
Christopher Olah「colah's blog:Understanding LSTM Networks」を参考に作成

RNNでは、過去の情報を左側から引き継ぐ経路が1本ありました。LSTMでは、この経路がさらに1本増えます。これを「**記憶セルC**」と呼び、これまでの記憶を保持する役割があります。

　次に中間層の構造を見ていきましょう。LSTMは中間層に「**ゲート**」という考え方を導入しています。ゲートは水をせき止める水門のような役割があります。これは、情報を「インプットする・しない」の二値ではなく、**全情報のうち何割を許容するか**を割合で設定します。

■ LSTMのゲートの考え方

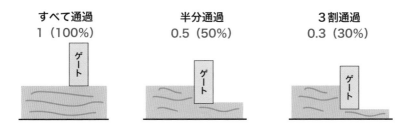

出典：斎藤康毅『ゼロから作るDeep Learning② 自然言語処理編』（オライリージャパン）を参考に作成

■ LSTMの構造（概略図）

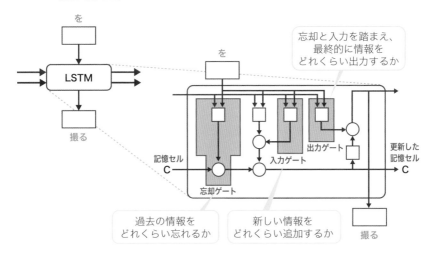

出典：斎藤康毅『ゼロから作るDeep Learning② 自然言語処理編』（オライリージャパン）を参考に作成

この割合は学習時にパラメータとして取得します。ゲートと記憶セルをどう組み合わせているかをP.107の図で確認していきましょう。

P.107の図はLSTMの概略図です。LSTMでは、保持する情報を決めるため、**3種類のゲート**を用いています。次に3種類のゲートについて説明します。

LSTMでは下図の3つのゲートを調整するため、**数種類のパラメータを調整**する必要があります。一般的にパラメータが増えると、計算に時間がかかります。そこで、ゲート数を減らすことで計算時間を短縮した「**GRU（Gated Recurrent Unit）**」なども考案されています。

■ LSTMの3種類のゲート

忘却ゲート	入力ゲート	出力ゲート
1つ前の記憶セルCから、どの程度忘れるかを判断するためのゲート	新しい情報をどの程度反映するかを取捨選択するためのゲート	予測に必要な情報を取捨選択するためのゲート

情報の取捨選択　　　　　　　情報の出力

● 系列データを出力するSeq2Seq

RNNとLSTMでは、過去の情報を踏まえることで、次の単語を予測できました。それでは、単語ではなく、系列データを出力したい場合はどうすればよいでしょうか。

機械翻訳（P.76参照）は**系列データを入力し、系列データを出力するタスク**の1つです。このようなタスクに対応すべく、「**Seq2Seq（Sequence to Sequence）**」が考案されました。日本語に直訳すると「系列から系列へ」です。P.100の対訳コーパスで解説したニューラル機械翻訳が、まさにこの手法です。

Seq2Seqは「**encoder-decoder モデル**」とも呼ばれ、エンコーダ（encoder）とデコーダ（decoder）の2部構成になっています。エンコーダは、入力データをエンコード（P.92参照）してベクトルに変換し、デコーダは、エンコードされたデータをデコード（復元）します。ここで、原言語を日本語、目的言語を英語とした機械翻訳の例を見てみましょう。

［原言語］私　は　写真　を　撮る　→［目的言語］**I take pictures**

■ Seq2Seqの例

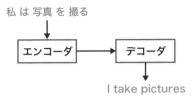

出典：斎藤康毅『ゼロから作るDeep Learning② 自然言語処理編』(オライリージャパン) を参考に作成

　Seq2Seqの構造は図のとおりで、エンコーダとデコーダのなかで**LSTM**を使います。**<EOS>**はP.86と同様で「文章の終了」、**<BOS>**は「Begin Of Sequence/Sentence」の略で「文章の開始」を宣言する記号です。

■ Seq2Seqの構造

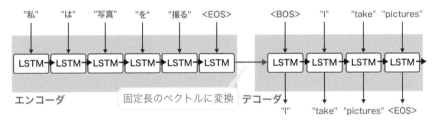

出典：Ilya Sutskever, Oriol Vinyals, Quoc V. Le「Sequence to sequence Learning with Neural Networks, 2014」を参考に作成

　ポイントはエンコーダとデコーダをつないでいる部分です。エンコーダでは**単語ごとに予測を出力するのではなく、情報をまとめて固定長のベクトルに変換**します。そしてデコーダは、ある単語を入力すると、次に来る可能性の高い単語を生成します。この構造は、RNNやLSTMで解説した言語モデルと同様です。

まとめ

▶ 系列データを扱う手法で、ループする経路をもつRNN

▶ 情報の取捨選択を行うゲートをもつLSTM

▶ エンコーダとデコーダで系列から系列を出力するSeq2Seq

22 Transformer

本節では、第23節の「BERT」で利用されている「Transformer」の概要と、その手法でポイントとなる「アテンション機構」について解説します。Transformerはタンパク質の構造予測など、活用の分野が広がっています。

◉ 精度低下を解消したアテンション付きSeq2Seq

　前節のSeq2Seqには課題があります。それは、入力文の長さによらず、固定長のベクトルを生成するため、**入力文が長いと精度が低下**することです。

　下図の例文1と例文2を、同じように固定長のベクトルに押し込むと、長文のほうが強引に情報を圧縮していることがイメージできるでしょう。そこで、Seq2Seqに「**アテンション機構（attention mechanism：注意機構）**」（以下、**アテンション**）を入れるという手法が考案されました。本書では重要な箇所が太字や下線で強調されています。アテンションはこの強調のような役割といえます。P.111の上図のように、原言語が日本語、目的言語が英語の翻訳を考えます。アテンションは入力文のどの単語にどれだけ注目（アテンション）するかのパラメータを学習し、目的言語の出力文を生成する際に、そのパラメータを利用するしくみです。

■ Seq2Seqの課題

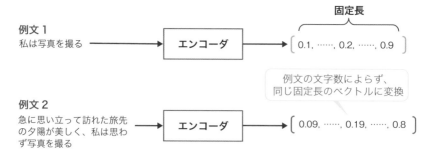

出典：斎藤康毅『ゼロから作るDeep Learning② 自然言語処理編』（オライリージャパン）を参考に作成

■ アテンションのパラメータのイメージ

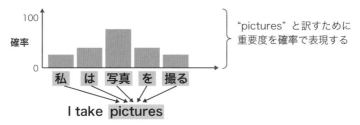

“pictures” と訳すために
重要度を確率で表現する

このパラメータとは、「重要」「重要でない」の二値ではなく、上図のように、翻訳のために参照する**原言語中の単語の重要度を確率で表現**し、重要な単語は確率が高くなるように重み付けを行います。

入力する単語を、分散表現を用いてベクトル化し、前述のパラメータを用いて「重み付き和」を計算してつくられるのが「**コンテキストベクトル (context vector)**」です。つまり、エンコーダで得られた「文脈」を表現したベクトルです。下図のように、コンテキストベクトルの情報を、デコーダの予測を行いたい単語の中間層に入れます。この情報により、入力文が長い場合でも、どこに注目して単語を予測すればよいかがわかるようになり、機械翻訳のタスクで高い性能を示すようになります。

下図は「写真」を「pictures」に翻訳するときのコンテキストベクトルの様子

■ アテンション付き Seq2Seq の構造

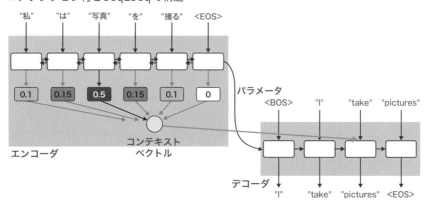

出典：Thoth Children「アテンション機構」(2018.12.8 PV935) ／ David S. Batista「The Attention Mechanism in Natural Language Processing - seq2seq」(2020.1.25) ／ TensorFlow「アテンションを用いたニューラル機械翻訳」を参考に作成

を強調して表現しています。単語「take」の情報（上からの矢印）、過去の情報（左からの矢印）に加え、コンテキストベクトルの情報（オレンジ色の矢印）が加わり、アテンションによって表現力が増した手法といえます。

● 並列計算を可能にしたセルフアテンション

アテンションにはいくつかの種類がありますが、アテンション付きSeq2Seqでは原言語の文章と目的言語の文章との対応関係を見ていました。ここではTransformerで利用されている「**セルフアテンション（self-attention：自己注意）**」を解説します。これは「セルフ」つまり「自分自身」の文章の対応関係を見ています。

なぜ自分自身の対応関係を見る必要があるのか、次の例文を考えてみましょう。

I take pictures and send them.（私は写真を撮り、それらを送ります。）

代名詞「them」は「pictures」を指し、照応関係（P.82参照）になっています。セルフアテンションでは、**照応関係を学習できる**ことがポイントです。そして、セルフアテンションを利用する最大のメリットは、**並列計算が可能になる**ことです。並列計算とは、複数の計算機が協調して1つの処理を行うことです。これにより、学習時間を短縮できます。ディープラーニングを実行するうえで、学習時間を考慮することは非常に大切です。学習だけで数か月もかかるとしたら、導入を断念することになりかねません。

Seq2Seqやアテンション付きSeq2Seqでは、ニューラルネットワークの層のなかにRNNやLSTMといった、ループする経路が入っていました。これらの手法は過去の情報を引き継ぐので、単語という系列データを順番（逐次的）

■ セルフアテンションのイメージ

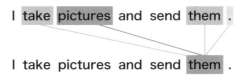

出典：Jakob Uszkoreit「Transformer: A Novel Neural Network Architecture for Language Understanding」(Google AI Blog) を参考に作成

に処理する必要がありました。

　一方、セルフアテンションは、入力する文章の単語どうしの対応関係を一度に見ることができ、並列計算が可能になります。

　最後に、セルフアテンションの計算方法を簡単に確認しておきましょう。

■ セルフアテンションで行われる類似度の計算

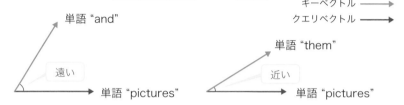

　１つの単語につき、クエリ、キー、バリューの３つのベクトルをつくります。ここでは、３つのうち２つの、クエリとキーの計算方法を説明します。同じ単語に対して３つのベクトルをつくるのは、**同じ文章内の単語どうしを比較するため**です。単語をベクトルに変換すると、P.96で説明したように、２つの単語の類似度（関連度）を計算できるようになりますが、Transformerでは**クエリとキーのベクトルを比較して類似度を計算**します。前述の例文「I take pictures and send them.」では、クエリが「pictures」、キーが「them」を比較したとき、類似度が高くなるイメージです。次に、類似度とバリューのベクトルを掛け合わせることで、アテンションのパラメータを計算できますが、ここでは省略します。

○ セルフアテンションを用いたTransformer

　Transformerは、**セルフアテンションを用いた手法**です。セルフアテンションの導入により、並列計算が可能になり、従来よりも学習時間を短縮できます。

　またTransformerは、P.108で紹介した**encoder-decoderモデル**の１つです。機械翻訳の事例を用いて解説すると、P.114の上図はやや複雑ですが、Transformerの構造を表しています。それぞれエンコーダとデコーダにセルフアテンションを用いています。TransformerはP.114の上図中のNxの部分を6回積み重ねた、多層のニューラルネットワークの構造をしています。

■ Transformerの構造

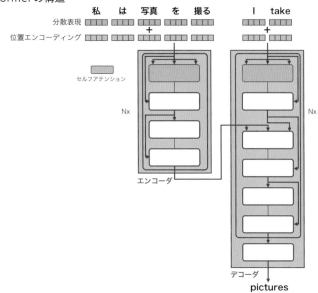

出典：情報機構『自然言語処理技術 〜目的に応じた手法選択／精度向上手法／業務活用への提言』、
Jay Alammar「The Illustrated Transformer」をもとに作成

■ 位置エンコーディング

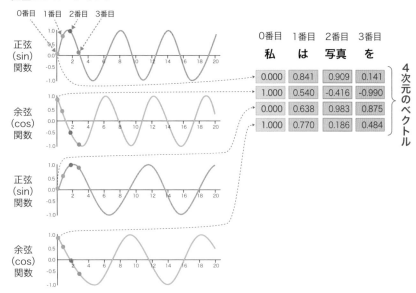

出典：Kemal Erdem「Understanding Positional Encoding in Transformers」をもとに作成

RNNやLSTMでは、「前の情報を記憶して次の情報を予測する」というしくみで単語の順番を覚えていました。Transformerでは、各単語の位置情報を扱うために「**位置エンコーディング（Positional Encoding：PE）**」というしくみを導入しています。これは、三角関数の正弦（sin）関数と余弦（cos）関数を用いて、**文章中の単語の順番をベクトルで表現**したものです。P.114の下図は各単語を4次元のベクトルに変換する様子を可視化したものです。ベクトルの各要素が、－1〜1の間の値になっています。このしくみをエンコーダとデコーダの入力に組み込み、**原言語の文章と目的言語の文章のそれぞれの単語の順番の情報を保持**しています。Transformerでは、各単語について分散表現で変換したベクトルと、位置エンコーディングで得られたベクトルを足し合わせて利用します。

Transformerは当初、機械翻訳のタスクの用途で考案されましたが、現在、その活用分野はNLPにとどまらず、広い分野で威力を発揮しています。特に生物学の領域では2020年に、Transformerを用いた「AlphaFold2」がイギリスのDeepMindによって考案されました。この手法は、タンパク質の立体構造を予測するコンテスト（CASP）でトップの成績を収めました。そのほか、Transformerの応用例の一部を以下に紹介します。

■ Transformerの主な応用例

画像分類	セグメンテーション	アクション（動画）認識
VIT：Vision Transformer	SegFormer：Simple and Efficient Design for Semantic Segmentation with Transformers	Video Action Transformer Network

音声認識	タンパク質の立体構造予測
Conformer：Convolution-augmented Transformer for Speech Recognition	AlphaFold2

まとめ

▷ **長文の精度低下を改善したアテンション付きSeq2Seq**

▷ **Transformerはネットワーク内にアテンション機構を備える**

▷ **Transformerは画像認識や音声認識など、活躍範囲が拡大**

23 BERT

これまでの手法では、タスクごとに学習用のコーパスを準備する必要がありました。準備には多くのコストと時間を要します。そのため、事前学習とファインチューニングにより、複数のタスクに対応する手法が考案されています。

● 事前学習とファインチューニングによる時間短縮

　これまでの手法は、学習や評価を行うために、機械翻訳用や文書分類用に、注釈付きコーパス（P.98参照）や対訳コーパス（P.100参照）を準備する必要がありました。この**準備にはコストと時間がかかります**。

　たとえば、1万件の文書分類用のデータセットを用意するとき、1文書を読み、ラベル付けをするのに30秒かかるとすると、1人ですべて付与するのに約80時間、1日8時間作業すればおおよそ10日必要です。生コーパスを蓄積する時間や、ラベルの定義の時間を加えると、さらに多くの時間を要します。

　そこで活躍するのが「**事前学習（pre-training）**」と「**ファインチューニング（fine-turning）**」という考え方です。**最初に大規模なコーパスで学習**することを事前学習といいます。この事前学習により、言語モデルを構築します。そして、特定のタスク用の注釈付きコーパスを用いて、構築した言語モデルの各パラメータを微調整することをファインチューニングといいます。これらを用いるメリットには、主に次の2点があります。

　①準備する注釈付きコーパスを減らせる
　②特定のタスクにおける学習時間を短縮できる

　NLPにおいて、事前学習とファインチューニングを適用し、高い精度で出力する手法がGoogleによって考案された「**BERT（Bidirectional Encoder Representations from Transformers）**」です。BERTが考案された2018年頃、画像認識の分野ではすでに事前学習とファインチューニングが活用されていました。BERTの登場以降、NLPにおいても多くの手法が登場するようになります。

■ BERT以前の手法とBERTとの違いのイメージ

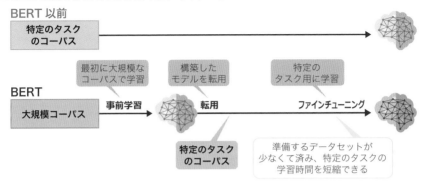

○ BERTの応用例

　みなさんも知らず知らずのうちにBERTを利用しているかもしれません。その一例が**検索エンジン**（P.77参照）です。Googleは2019年から、検索エンジンへのBERTの導入を発表しました。導入前と導入後を比較したものが下図です。たとえば、次のクエリを検索エンジンに入力したとします。

　　クエリ：**2019 brazil traveler to usa need a visa**

　　　　（訳：2019 ブラジル旅行者のアメリカへのビザが必要）

■ 検索エンジンにおける検索結果の例

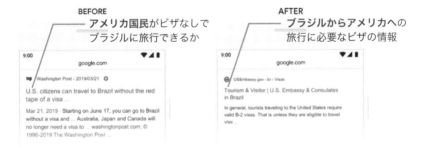

出典：Pandu Nayak「Understanding searches better than ever before」（Googleブログ）をもとに
　　　作成

　従来の検索エンジンでは、「to」という単語どうしの関係を表現する**前置詞の重要性**を理解できていなかったので、左図では「ブラジルに旅行するアメリカ」

国民」の情報が上位に来ていました。BERT採用後の右図では、クエリの意図を理解し、クエリに関係性の近い情報が上位に来ています。このように、BERTは従来より文脈を理解したモデルであることがイメージできるでしょう。

● BERTが高精度を示したタスク

　BERTの発表当時、どんなタスクで高精度を示したかをまとめたものが下表です。「GLUE（The General Language Understanding Evaluation）」は、自然言語を総合的に評価するベンチマークで、極性分析、含意、等価性判定などの性能を評価できます。11のタスクで当時の最高精度を、NER（P.98参照）でも高い精度を記録しました。なかでも、「SQuAD（Stanford Question Answering Dataset）v1.1」を用いた評価では、人間の平均的な精度を初めて超えたことで注目されました。SQuAD v1.1は質問応答タスク用のコーパスです。最初にWikipediaの文章を表示し、その文章に関する質問に対して回答するものです。Wikipediaの文章中から質問・回答に関連する部分を正確に抽出することが求められます。

■ BERTが最高精度を記録したタスクの例

ベンチマーク	コーパス		概要
GLUE	1	MNLI	2入力文の含意・矛盾・中立を判定
	2	QQP	2質問文の意味的等価性を判定
	3	QNLI	記述が質問文の回答を含むか否かを判定
	4	SST-2	映画レビューの入力文の肯定的・否定的を判定（極性分析）
	5	CoLA	入力文が言語的に正しいかを判定
	6	STS-B	ニュース見出しの2入力文の意味的等価性を判定
	7	MRPC	ニュース記事の2入力文の意味的等価性を判定
	8	RTE	2入力文の含意を判定
	SQuAD v1.1		記事から質問文の回答を抽出（質問応答）
	SQuAD v2.0		SQuAD v1.1の拡張版
	SWAG		入力文に後続する文を4つの候補から選択

出典：情報機構『自然言語処理技術 〜目的に応じた手法選択／精度向上手法／業務活用への提言』、Jacob Devlin Ming-Wei Chang Kenton Lee Kristina Toutanova「BERT: Pre-training of Deep Bidirectional Transformers for Language Understanding (2018)」をもとに作成

● 双方向性を備えるBERTのしくみ

まずはBERTのニューラルネットワークの構造を確認しましょう。BERTは**ニューラルネットワークの内部（下図の層「Trm」の部分）にTransformerを用いています**。24層のTransformerを積み重ねることで、P.118の最高精度を記録しました。Transformerのセルフアテンション機能により、文章中の離れた位置にある単語の対応関係を把握でき、そのTransformerを多層に重ねることで表現力を増幅させています。

■ BERTの構造

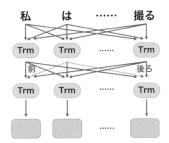

出典：Jacob Devlin Ming-Wei Chang Kenton Lee Kristina Toutanova「BERT: Pre-training of Deep Bidirectional Transformers for Language Understanding」、「Open Sourcing BERT: State-of-the-Art Pre-training for Natural Language Processing」(Google AI Blog) をもとに作成

上図のTransformerの層から出ている矢印に注目しましょう。BERTはTransformerで、前の単語から後ろの単語を予測するだけではなく、後ろの単語から前の単語を予測する、いわば**「双方向（bidirectional）」の予測**を行う手法といえます。これまでも、「Open AI GPT（以下、GPT-1）」など、Transformerを多層に重ねる手法はすでに考案されていましたが、前の単語から後ろの単語を予測する一方向の手法でした。BERTのように双方向の予測を行うことで、文脈を理解する能力が向上しました。

BERTでは16Gバイト（3,300万単語）の生コーパスを用いて双方向の予測をしながら事前学習を行います。この学習の際、次の2種類の問題を解いています。

● 単語の穴埋め（マスク）問題（Masked Language Model）

言語モデルを構築するために、生コーパス内の一部の単語を隠し（マスク）、**隠した単語を予測する問題**を解きます。このとき、隠した単語の前後の情報を

用いて予測を行います。

●次の文章の予測問題 (Next Sentence Prediction：NSP)

　質問応答のタスクなどでは、単語だけではなく、2つの文章間の関係の理解が重要です。**ある文章を与え、その文章に続く文章かどうかを予測**する問題を解きます。

■ 事前学習時の2つの問題例

①単語の穴埋め（マスク）問題

　Input　：The man went to the [1]. He bought a [2] of milk.
　　　　　　　（その男性はその [1] に行った。彼は [2] の牛乳を買った。）
　Labels：[1]= store; [2]= gallon（[1] ＝店、[2] ＝１ガロン）

②次の文章の予測問題

　Sentence A = The man went to the store.（その男性はそのお店に行った。）
　Sentence B = He bought a gallon of milk.（彼は１ガロンの牛乳を買った。）
　Labels = IsNextSentence= Aの文章の次にBの文章が来る：○

　Sentence A = The man went to the store.（その男性はそのお店に行った。）
　Sentence B = Penguins are flightless.（ペンギンは飛べない。）
　Labels = NotNextSentence= Aの文章の次にBの文章が来る：×

出典：Jacob Devlin and Ming-Wei Chang「Open Sourcing BERT: State-of-the-Art Pre-training
　　　for Natural Language Processing」(Google AI Blog) をもとに作成

　事前学習モデルの構築には、膨大なコーパスを用いて学習を行うため、潤沢な計算資源が必要になります。現在は大学や企業などがいくつかの事前学習モデルを公開しており、その**モデルを利用し、ファインチューニングによって特定のタスクの問題を学習しやすくなった**ことがBERTの最大のメリットです。

　Hugging Faceが公開している「Transformers」は、BERTのほか、複数のモデルを利用することが可能なオープンソースソフトウェアです。2022年10月時点で200以上の言語に対応しています。このように比較的容易に実装できる環境が整っているので、気になる方は詳細を調べてみましょう。

　なおファインチューニングは、事前学習モデルに１層付け加えることで、さまざまなタスクに対応できるようになります。次図は極性分析の様子です。

●そのほかの取り組み

　BERTが登場した2018年以降、Facebook AI（現・Meta AI）の「**RoBERTa**

■ファインチューニングのイメージ

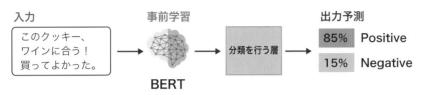

出典：Jay Alammar「The Illustrated BERT, ELMo, and co. (How NLP Cracked Transfer Learning)」
をもとに作成

(Robustly optimized BERT approach)」など、多くの改良研究が発表され、精度が向上しています。RoBERTaでは、①前述のNSPを行わない、②学習データを増やすなど、BERTから複数の改良を行っています。そのほか、次のような特定の分野に特化したBERTなども考案されています。

■活用分野が広がるBERT

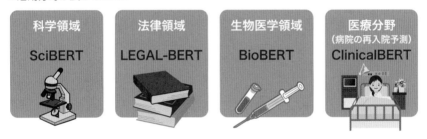

出典：「BERT以降の事前学習済みモデルのトレンドと主要モデルを紹介！ Part 1学習方法編」
（ELYZA Tech Blog）、Yuta Nakamura「医療言語処理へのBERTの応用 －BioBERT,
ClinicalBERT, そして－」をもとに作成

まとめ

▶ **BERTは事前学習とファインチューニングを用いた手法**

▶ **事前学習とファインチューニングで、コーパス量を減らせる**

▶ **考案当時、BERTは複数のタスクで最高精度を出力した**

24 GPT-3

「GPT-3」とは、openAIが考案したGPT（Generative Pre-Training）モデルの第3弾という意味です。この手法の生成する文章が非常に自然であることで注目されました。どんな結果を出力したのかを確認し、特徴を見ていきましょう。

◉ 特定のタスクに対応させやすい3種類の学習

まずはGPT-3の論文では「**zero-shot学習（zero-shot learning）**、**one-shot学習（one-shot learning）**」、「**few-shot学習（few-shot learning）**」が紹介されています。これら3つの違いは事前に与える例題の数です。各手法について英語からフランス語に翻訳する例が下図です。

- zero-shot 学習：タスクの説明のみで問題を解く
- one-shot 学習：タスクの説明と例題1つ
- few-shot 学習：タスクの説明と例題10～100程度

■ zero-shot学習、one-shot学習、few-shot学習の例

zero-shot学習
　英語からフランス語に訳しなさい ──────────────── タスクの説明
　Cheese => ─────────────────────── 解きたい問題

one-shot学習
　英語からフランス語に訳しなさい ──────────────── タスクの説明
　sea otter => loutre de mer ──────────────── 例題
　Cheese => ─────────────────────── 解きたい問題

few-shot学習
　英語からフランス語に訳しなさい ──────────────── タスクの説明
　sea otter => loutre de mer ──────────────── 例題
　peppermint => menthe poivrée ─────────────── 例題
　plush giraffe => girafe en peluch ───────────── 例題
　Cheese => ─────────────────────── 解きたい問題

出典：Tom B. Brownほか「Language Models are Few-Shot Learners」をもとに作成

前節のBERTは、事前学習とファインチューニングを用いた手法でした。利便性が増しましたが、ファインチューニング用のデータセットの準備にコストがかかるという課題がありました。

この課題を解決する方法が、先に紹介した３種類の学習の手法です。ファインチューニングでは特定のタスク用のコーパスを用いてパラメータの更新を行いますが、zero-shot学習、one-shot学習、few-shot学習では**パラメータの更新が不要**で、**タスクの説明や例示により特定のタスクに対応させる**ことを目指しています。これは、たとえば誰かに作業を依頼するとき、いくつかの例を示すことで、作業内容を理解してもらう感覚に近いです。

◉ GPT-3の特徴である膨大なパラメータ数

OpenAIは2018年に第１弾のGPT-1を、2019年に第２弾のGPT-2を発表し、そして2020年６月にGPT-3を発表しました。手法はシンプルで、**Transformerを多層化した事前学習によって言語モデルを構築**します。GPT-1では12層、GPT-2では48層であるのに対して、GPT-3では96層となっています。多層化に伴い、下図のようにニューラルネットワークのパラメータが膨大である点が、GPT-3の最大の特徴です。これらの膨大なパラメータ数で構築された手法により、前述のzero-shot学習を行うことができるようになりました。

■ GPT-3のパラメータ数

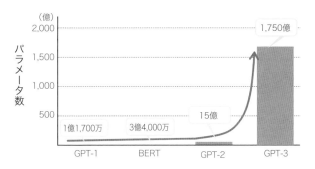

出典：Moiz Saifee「GPT-3: The New Mighty Language Model from OpenAI」(Towards Data Science)、『進化が止まらない超人間AI』(日経BPムック) をもとに作成

● GPT-3の文章生成の例

　GPT-3が注目されるようになった事例の1つが、Manuel Araoz氏のブログ「OpenAI's GPT-3 may be the biggest thing since bitcoin（OpenAIのGPT-3はビットコイン以来、最大の出来事かもしれない）」です。一見、普通のGPT-3の紹介文のようですが、終盤に「I have a confession: I did not write the above article.（告白します。以上の記事が私が書いたものではありません。）」との記述が登場します。実は、これはGPT-3によって生成された文章で、人間が書くのと遜色ない自然な文章でした。

　GPT-3の生成する文章がどの程度自然なのか、80人の治験者を対象とした評価実験が行われました。実験方法として、GPT-3が生成したニュース記事と、人間が書いた記事とを治験者に読ませ、「人間が書いた記事か否か」を判定させます。この判定精度は、治験者が「GPT-3が生成した文章」と**正しく判定できたのは52%**という結果でした。ランダム、当てずっぽうで判定した場合、二択であるため、その精度は50%です。つまり、52%というのは当てずっぽうと同程度、「人間が書いたものかGPT-3が書いたものか判定できない」ほど自然な文章を生成しているといえます。

■ GPT-3が生成した文章の品質評価

記事タイトル
United Methodists Agree to Historic Split
サブタイトル
Those who oppose gay marriage will from their own denomination

GPT-3　人間

入力

治験者

読む

記事作成　記事作成

NEWS　NEWS

評価

□人間が書いた可能性が高い
□どちらかといえば人間が書いた可能性が高い
□わからない
□どちらかといえば機械が書いた可能性が高い
□機械が書いた可能性が高い

出典：中田 敦「人間が見破れない「偽ニュース」を生成、GPT-3でAI開発が容易に」（日経クロステック）、『進化が止まらない超人間AI テックビジネス百花繚乱』（日経BPムック）を参考に作成

■ さまざまなタスクで試されているGPT-3

自然文から
プログラムの
コード生成

材料リストから
のレシピ生成

機械翻訳

質問応答

3桁の演算

出典：Tom B. Brownほか「Language Models are Few-Shot Learners」、『進化が止まらない超人間
AIテックビジネス百花繚乱』（日経BPムック）、OpenAI API examplesを参考に作成

　文章生成のほかに、上記のようなタスクでも実験されています。これらの機能のなかには、すでにサービスとしてリリースされているものもあります。そんなGPT-3ですが、万能ではありません。特に文章の読解を要するようなタスクで苦戦しています。次項でさらに課題について深堀りします。

常識への弱さや膨大な計算量などのGPT-3の課題

●常識的な問題に弱い

　「チーズを冷蔵庫に入れたら溶けますか？」という質問に、人間は簡単に「溶けない」と回答できます。GPT-3は、このような問題を間違えます。「**PIQA (Physical Interaction: Question Answering)**」という物理的な推論を行う質問応答のタスクでは、GPT-3は当時の最先端の手法を上回る82.8％という高い精度を出しました。しかし、**人間の精度は94.9％とGPT-3より高く**、まだ人間の常識には及ばないことがわかっています。

●矛盾に気づかない

　「**NLI（Natural Language Inference）**」は2つの文章の関係性を「矛盾」「含意」「中立」の3つに分類するタスクです。このタスクでは、GPT-3は最先端の手法に及ばない結果となっています。以上の課題を併せて考えると、GPT-3は意味を理解してタスクに回答しているわけではないことが見えてきます。

●学習データのバイアスで偏見を出力するおそれがある

　GPT-3に限らず、ほかのディープラーニングの手法にも共通する課題が、P.72でも紹介した**学習時のデータのバイアス**です。GPT-3は事前学習を行う際に、

インターネット上のWebページを収集して作成されたコーパスなどを用いてモデルをつくります。そのため、Web上に多くある意見を学習し、判断する可能性があります。GPT-3の論文では、**ジェンダー**、**人種**、**宗教**について論じられていますが、ここではジェンダーについて簡単に触れます。

　論文では、ジェンダーと職業との関連性を調査しています。実験では、次の文章をGPT-3に与え、任意に{職業名}の部分を変えます。

　　"**The {職業名} was a**"

　すると、後続に「男性（man、maleなど）」、あるいは「女性（woman、femaleなど）」に関連する語が生成されます。実験の結果、女性より男性に関連する語が続く確率が高くなることがわかりました。388種類の職業を用いて実験すると、職業のうちの83％が、GPT-3によって**男性に関連する語が付く可能性が高く**なりました。職業には下図のような傾向があります。あらかじめこのようなバイアスのある結果を出力するリスクを把握しておく必要があります。

■ 性別関連の語が付きやすい職業

男性関連の語が付きやすい	女性関連の語が付きやすい
教育レベルの高い職業 ・議員 ・銀行員 ・名誉教授 など	重労働を要する職業 ・石工 ・保安官 など

出典：Tom B. Brownほか「Language Models are Few-Shot Learners」、Catherine Yeo（著）、吉本幸記（翻訳）「GPT-3のバイアスはどのようなものなのか？」（AINOW）を参考に作成

●計算量の膨大さ

　BERTでも挙げましたが、事前学習モデルを構築するためには、膨大な計算量を要します。GPT-3の構築に要する計算量は「3,640 petaflops/s-day」でした。flopsは1秒あたりの浮動小数点演算回数を指し、petaは10の15乗（1,000兆）倍を指します。つまり、（3,640 × 1,000兆）flopsのコンピュータを、丸1日動かし続けた計算量を意味します。

　富士通と理化学研究所が共同で開発した**スーパーコンピュータ「富岳」**を例に計算量の規模を見てみましょう。富岳が2021年6月のスパコンランキング

で世界1位を獲得したときの性能は（442×1,000兆）flopsでした。つまり、富岳を8〜9日間稼働させ続け、ようやく学習が終わります。これほどの計算環境は限られた企業しか用意できず、経済的コストも課題の1つといえます。

●モデルを公開していない

2020年9月に**Microsoftが「GPT-3」の独占的ライセンスをOpenAIから取得**したことを発表しました。そのため、GPT-3はOpenAIに申請することで、API経由での利用は可能ですが、前述のBERTとは異なり、オープンソースソフトウェアではありません。利用の際には注意が必要です。

◉ 文章や画像の入力などを工夫する今後の動向

zero-shot学習は、学習コストの少ない手法です。GPT-3を考案したOpenAIは2021年、「CLIP（Contrastive Language Image Pre-training）」と「DALL・E（画家のサルバドール・ダリとCGアニメのキャラクター「WALL-E」が名前の由来）」という2つのzero-shot学習の論文を発表しました。これらは文章と画像をペアにして事前学習を行う手法です。

CLIPは、**画像を入力してzero-shotで画像分類を行う**ことに挑戦しています。一方、DALL・Eは、**文章を入力してzero-shotで画像を生成する**手法（自動イラスト生成）です。GPT-3との違いを簡単に表すと下図となります。

■ GPT-3、CLIP、DALL・Eの主な違い

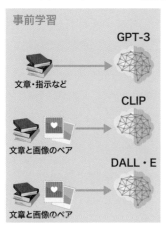
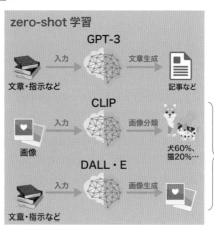

画像生成については、DALL・Eの考案から1年後の2022年、同じくOpenAIからDALL・E2が発表されました。DALL・E2はDALL・Eの4倍もの解像度でリアルな画像やアートの画像を生成することで注目されています。下図はDALL・EとDALL・E2の画像生成例です。文章を入力すると図のような画像が生成され、2022年8月前後から「Stable Diffusion」「Midjourney」「Imagen」など、次々と新しい手法が考案されています（ちなみに第27節のGANでは画像から画像を生成する手法を紹介しています）。

■ DALL・EとDALL・E2の画像生成例

a painting of a fox sitting in a field at sunrise in the style of Claude Monet
（クロード・モネ風の日の出の野原に座るキツネの絵）

出典：「DALL・E 2」(OpenAI) をもとに作成

まとめ

▷ **GPT-3は膨大なパラメータ数の事前学習モデルで、zero-shot学習で文章生成を行える**

▷ **GPT-3が生成する文章に違和感は少ないが、ステレオタイプや偏見を出力する可能性などの課題もある**

▷ **文章と画像のペアで事前学習をしたzero-shot学習の手法が考案されている**

4章

**GAN を中心とした
生成モデル**

AIは、単純作業だけではなく、クリエイティ
ビティが必要とされる領域でも活用されるよう
になっています。これらの領域で用いられる技
術の1つに「生成モデル」があります。生成モ
デルとは、簡単にいうと、実際のデータに似た
新しいデータを生成するためのAIモデルのこ
とです。ここでは生成モデルの基礎的なしくみ
と画像生成の方法を見ていきます。

25 クリエイティブに進出するAI

絵画や音楽、文芸など、人間のクリエイティビティが必要とされる領域は、AIには向かないとされてきました。しかし近年、生成モデルという技術を利用することで、AIが絵を描き、曲をつくり、文章を書き始めています。

● 絵画を生成するAI

　AIは絵画の領域に進出し始めています。AIは、文章からイラストを生成するほかに、カメラで撮影した画像を、葛飾北斎の浮世絵の画風に変換できます。

　AIはどのようにして画風を変換するのでしょうか。まず、北斎の浮世絵を収集し、特徴となる「北斎の特徴量」をAIに学習させます。「北斎ブルー」といわれる独特の青色や、大きな白い水しぶきなどが北斎の特徴量になるでしょう。次に、**北斎の浮世絵とデジタル画像との対応関係**をAIに学習させます。学習済みの特徴量とこの対応関係を使って、AIはデジタル画像から北斎の浮世絵の画風に変換した画像を生成できるようになります。Prisma Labsのアプリなどを使うと、たとえば海辺の風景画像を北斎の浮世絵の画風に変換できます。

■ 北斎の浮世絵「神奈川沖浪裏」、海辺の風景画像と北斎の浮世絵の画風に変換した画像

北斎の浮世絵

出典：『葛飾北斎「富嶽三十六景」解説付き』(https://fugaku36.net/free/kanagawaoki) Webページより

筆者が撮影した和歌山県辰ヶ浜の画像

北斎の浮世絵の画風に変換した画像

● 音楽を生成するAI

AIは音楽の領域にも進出し始めています。ソニーは2016年、AIアシスト楽曲制作ツール「Flow Machines」を開発しました。**1万曲以上をそのツールに聴かせて音楽のスタイルを学習**させているので、それらのスタイルを組み合わせることで、独自の作曲が可能とのことです。ソニーのツールが楽曲を生成し、作曲家が曲のアレンジと作詞を担当した作品はYouTubeで視聴できます。また、Googleは同年、Pythonを用いて音楽を生成するAI開発パッケージ「Magenta」をリリースし、バッハ風などの旋律を手軽に開発できる環境を提供しています。

● 文章を生成するAI

文章執筆という領域にもAIが進出し始めています。テスラのCEOであるイーロン・マスク氏などが参画するOpenAIは2020年、**GPT-3（P.122参照）という自然言語処理のAI**を発表しました。このAIは、インターネット上の掲示板で人間になりすまし、1週間投稿していましたが、誰もこれをAIの投稿と見破ることができませんでした。またゲームクリエイターのSta氏は、GPT-3に匹敵するMesh-Transformer-JAXというAIモデルに文庫174万冊を学習させ、2021年に自動文章生成ツール「AIのべりすと」を公開しました。これに5～6行程度の文章を入力すると、「AIのべりすと」はその続きの文章を生成します。

AIは単純作業に有効なことは知られていましたが、クリエイティビティが必要な領域にも進出を始めています。これらの領域で使われるAI技術の代表が「**生成モデル**」です。生成モデルとは、**実際のデータ（実データ）から特徴量を学習し、実データと似たような新しいデータを生成**するAIモデルです。

■ まとめ

▸ **絵画や楽曲、文章などの領域にもAIが進出し始めている**

▸ **クリエイティビティが必要な領域には、生成モデルが使われる**

26 生成モデルの基礎的なアルゴリズム

生成モデルのなかでは、「変分オートエンコーダ（VAE）」と「敵対的生成ネットワーク（GAN）」がよく利用されています。どちらも改良がさかんですが、ここでは基本を解説します。

● 変分オートエンコーダ（VAE）のアルゴリズム

　「オートエンコーダ」は、**入力データと出力データを同じにして、教師なし学習を行うニューラルネットワーク**です。本節では、エンコーダとデコーダで構成されたニューラルネットワークを考えます。エンコーダは入力データを圧縮し、デコーダは圧縮データを復元します。圧縮では、入力データから**不要な情報を削ぎ落とし、データの次元を減らし**ます（P.54、P.137参照）。エンコーダによって圧縮された情報を「**ボトルネック**」と呼びます。たとえば、8次元の猫の画像を2次元の輪郭のみに圧縮し、圧縮したデータから猫の画像を復元します。

■ オートエンコーダの構造

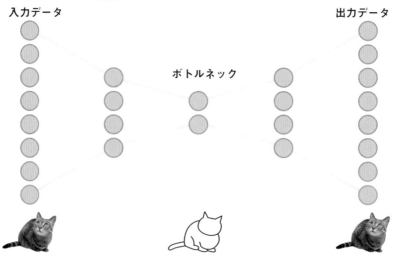

出典：Geoffrey Hinton and Russ Salakhutdinov「Reducing the Dimensionality of Data with Neural Networks」図1を参考に作成

「変分オートエンコーダ (Variational AutoEncoder：VAE)」は、エンコーダ、サンプリング、デコーダで構成されます。VAEはオートエンコーダと同様、入力データを低次元の分布にエンコードし、その分布からある1点 z（潜在変数）をサンプリングします。そして、サンプリングした点を、オートエンコーダと同様にデコードします。

低次元の分布からサンプリングする点を変えると、異なる出力データを生成できるので、VAEは生成モデルとなっています。VAEでは、低次元の分布として「**ガウス分布**」が使われます。ガウス分布とは、**平均と分散を決めると形状が決まる**分布です。先ほどの猫の画像の例では、エンコーダで情報を輪郭のみに削ぎ落とし、その輪郭からガウス分布に従ってサンプリングし、デコーダで復元することで、新しい猫の画像を生成するイメージです。

■ 変分オートエンコーダ (VAE) の構造

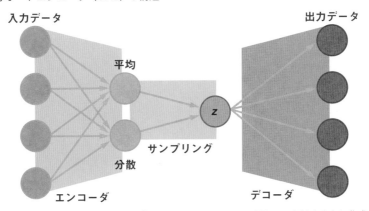

出典：Diederik Kingma & Max Welling「Auto-Encoding Variational Bayes」図1をもとに作成

VAEでは、低次元の分布からのサンプリングを連続的に変化させることで、出力データが滑らかに変化する様子を観察できます。たとえば、0～9の数字が書かれた画像で学習を行い、潜在変数 z の値を連続的に変化させていくと、出力データが6→2→3と滑らかに変化します（下図参照）。

■ 低次元の分布からのサンプリングとともに出力データが変わっていく様子

● 敵対的生成ネットワーク（GAN）のアルゴリズム

「敵対的生成ネットワーク（Generative Adversarial Network：GAN）」は、**生成器（Generator）と識別器（Discriminator）という2つのニューラルネットワーク**から構成されます。生成器には生成データを精巧につくろうとする偽造者、識別器には生成器が作成した生成データを見破ろうとする警察官の役割があり、互いに敵対関係にあります。**生成器と識別器が競い合って学習することで、生成器は実データに近いデータを生成できる**ようになります。

GANは、イアン・グッドフェロー氏がモントリオール大学に在籍時の2014年に考案したアルゴリズムです。同氏はGoogleに勤務し、現在はAppleで機械学習チームのディレクターとして活躍しています。

■ 敵対的生成ネットワーク（GAN）の構造

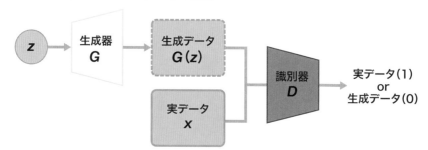

出典：Ian Goodfellow, Jean Pouget-Abadie, Mehdi Mirza, Bing Xu, David Warde-Farley, Sherjil Ozair, Aaron Courville, Yoshua Bengio「Generative Adversarial Nets」Algorithm 1を参考に作成

上図のように、GANには生成器Gと識別器Dがあります。生成器Gは、ある分布からランダムにサンプリングした1点zを入力データとして生成データ$G(z)$を生成します。識別器Dは与えられたデータが本物の実データか偽物の生成データかを識別します。たとえば、北斎の浮世絵を生成する際、識別器Dに浮世絵の実データが入力されていれば1、生成データが入力されていれば0を出力します。

GANは、生成器Gと識別器Dを交互に更新するように学習します。まず、識別器Dを教師あり学習で学習します。生成器Gが正しいとして、潜在変数zからデータを生成し、「生成データ」と「実データ」のラベルのデータ$G(z)$とxを正しく分類できるように識別器Dを学習します。次に、生成データ$G(z)$に対

して、識別器Dが「実データ」と分類するように生成器Gを学習します。このように、GANは生成器と識別器を交互に競わせるように学習を行います。

■ 実データとGANによる生成データ

出典：Ian Goodfellow, Jean Pouget-Abadie, Mehdi Mirza, Bing Xu, David Warde-Farley, Sherjil Ozair, Aaron Courville, Yoshua Bengio「Generative Adversarial Nets」図2を参考に作成

　左の10枚の図のように、実際の顔の画像をGANに学習させると、ランダムにサンプリングした点zから右図のような顔の画像を生成できることがグッドフェロー氏らによって示されました。

● VAEとGANの違い

　VAEとGANは、ともにディープラーニング（深層学習）の生成モデルです。両者の違いは、**VAEではサンプリングする分布を明示的に設定**しているのに対して、**GANでは暗黙のうちに仮定**していることです。このため、GANはVAEに比べてバイアスが入りにくく、細部まで鮮明な画像を生成できるといわれています。一方、GANには「**モード崩壊**」という現象があり、似た画像ばかりを生成して学習が進まないことがあります。

■ VAEの入力データと出力データの比較

上の行が入力、下の行が出力

VAEの結果と比較して一般的にぼやけが少ない

　GANの学習において、損失関数の値を収束させるのは難しいことがあり、安定して収束させるための技術が開発されています。たとえば、「**スペクトル正規化（spectral normalization）**」です。スペクトル正規化とは、ニューラルネットワークのパラメータ（重み）を、ニューラルネットワークの各層ごとの特徴的な値で割る処理のことです。識別器のパラメータに対してスペクトル正規化を行うことで、識別器のパラメータの変化の大きさが制限されることにより、損失関数の値が安定して収束すると考えられています。そのため、スペクトル正規化は、GANにおけるデファクトスタンダードな技術となっています。

　損失関数の値を収束させることで、高精度な画像が生成できたという報告が多数あります。たとえば、NVIDIAの「StyleGAN」は、架空の人物の顔の画像を超高精度に生成できます。StyleGANのアルゴリズムはP.149で取り上げます。

まとめ

▶ **オートエンコーダは情報を圧縮し、特徴を抽出して復元**

▶ **VAEは情報を圧縮し、確率分布のパラメータを用いて復元**

▶ **GANは生成器と識別器というニューラルネットワークから構成**

輝度情報をもったピクセルの集まりが画像と考えると、画像の情報は、ピクセルと同じ数の次元空間において1つの点で表現できます。たとえば、縦に100ピクセル、横に100ピクセルの画像のピクセル数は、合計10,000です。そして、それぞれのピクセルは輝度値をもっており、それぞれのピクセルごとに異なる次元に輝度値をプロットすると、その画像は10,000次元の空間で1つの点として表せます。1次元（線）、2次元（面）に比べて、10,000次元は次元数が多いので、その空間は「高次元空間」と呼ばれています。

ディープラーニングの分野では、「多様体仮説」が注目されています。多様体仮説とは、高次元空間のなかの低次元多様体に、画像が集中して存在するという仮説です。多様体とは、3次元空間のなかの閉曲面などの空間のことです。低次元多様体は、高次元空間のなかに入っている、ぐにゃっと曲がった面のイメージです（下図参照）。下図では、「車」の画像はすべて低次元多様体の左側、「犬」の画像は右下、「馬」の画像は右上に分布しています。t-SNE（P.55参照）などの次元削減は、多様体仮説のうえに成り立っています。

多様体仮説が注目されているのは、多様体仮説が正しければ、ディープラーニングの成功の裏付けとなる可能性があるためです。ディープラーニングによって高次元空間の点の集合を表現する低次元多様体を見つけることができるか、研究が進められています。

■ 画像が高次元空間に分布しているイメージ

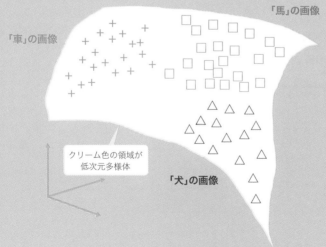

「馬」の画像

「車」の画像

クリーム色の領域が
低次元多様体

「犬」の画像

27 GAN を用いた画像生成

GANには、条件に合う画像を生成する方法や、ドメイン（P.139参照）が異なる画像を生成する方法があります。生成した画像がどれくらい望ましいものであったかを定量的に評価する手法も考案されています。

● 条件に合う画像の生成

　GANは**ある分布からランダムにサンプリングした点zを入力し、実データと同じようなデータを生成する**ニューラルネットワークです。ですので、たとえば手書きの数字の画像を生成する問題で、「7」を生成したいと思っても、ほかの数字が生成される可能性があります。そのため、「7」が生成されるまで何度もデータ生成を繰り返す必要があります。

　条件に合ったデータを生成する方法を「**conditional GAN（cGAN）**」といいます。cGANの生成器Gは、ある分布から**ランダムにサンプリングした点z**と、それに対応する条件を入力データとして、新しいデータを生成します。識別器Dは、生成データとその条件（生成データペア）に対して、実データとその条件（実データペア）を識別します。これらの生成器と識別器を競い合って学習させることで、実データに近い、条件に合った画像を生成するようになります。

■ cGANの構造

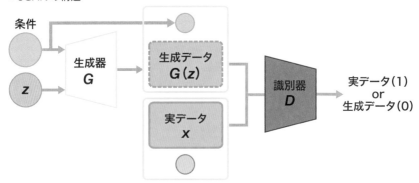

出典：Mehdi Mirza & Simon Osindero「Conditional Generative Adversarial Nets」図1を参考に作成

■ pix2pixの構造

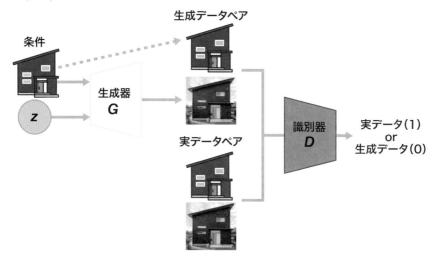

出典：Phillip Isola, Jun-Yan Zhu, Tinghui Zhou, Alexei A. Efros「Image-to-Image Translation with Conditional Adversarial Networks」図2を参考に作成

cGANの代表的なものに「**pix2pix**」があります。pix2pixは画像を条件として学習し、条件に合う画像を生成します。pix2pixを使うことで、たとえば建物の画像とそのセグメンテーション（窓、ドア、壁などを色分けした画像）（P.158参照）のペアがあれば、そのセグメンテーションを別の建物の画像に生成できます。逆に、建物のセグメンテーションから元の建物に似た画像を生成することもできます。pix2pixは、生成した画像と実際の画像の全体像を一致させるために、**画像の輝度値の差**を制約として学習します。

○ 異なるドメインの画像の生成

同じラベルが付けられたデータの集まりを「ドメイン」と呼びます。たとえば、ラベル「写真」が付けられた画像の集まりと、ラベル「浮世絵」が付けられた画像の集まりを、それぞれ「写真ラベルのドメイン」「浮世絵ラベルのドメイン」と呼ぶことにします。

あるドメインXから別のドメインYを生成することを考えます。もしドメインXの画像とYの画像が1枚ずつペアになっていれば、pix2pixなどのcGANを使うことができます。

しかし、ドメインXの画像とYの画像のペアを準備することが難しい場合もあります。たとえば、写真を絵画風に変換したいとき、準備した写真をもとに画家にたくさんの絵を描いてもらうことは大変です。このような場合に有効な方法が「**CycleGAN**」です。

　CycleGANは、「**サイクル一貫性**（cycle consistency）」をもたせてデータを生成します。サイクル一貫性とは、下図の緑矢印のように、ドメインXの画像からYの画像を生成し、生成した画像から元のXの画像を再度生成したとき、元の画像に戻ることです。CycleGANには、生成器はG_XとG_Yの2個、識別器もG_XとG_Yの2個があります。そのため、ドメインYの画像も同様に、1周して元の画像に戻ります（青矢印）。CycleGANは、このサイクル一貫性を制約として学習することにより、異なるドメインの画像を生成できます。

■ CycleGANの構造

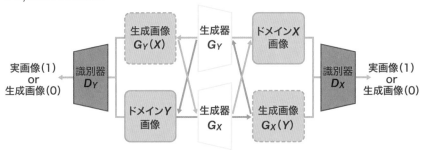

出典：Jun-Yan Zhu, Taesung Park, Phillip Isola, Alexei A. Efros「Unpaired Image-to-Image Translation using Cycle-Consistent Adversarial Networks」図3を参考に作成

■ モネの絵とその風景

出典：Jun-Yan Zhu, Taesung Park, Phillip Isola, Alexei A. Efros「Unpaired Image-to-Image Translation using Cycle-Consistent Adversarial Networks」図1をもとに作成

この技術を用いて、画家が見ている風景を生成する試みがあります。P.140の下図の左側の絵は、クロード・モネが描いた「アルジャントゥイユのセーヌ川」という作品です。この作品をCycleGANに入力することで、まるでモネがカメラで写真を撮ったような画像を出力しています。

◉ 生成した画像の評価

　GANが生成した画像が**どれほど実画像に近いかを評価**する代表的な評価手法を3つ紹介します。

●Inception Score (IS)

　高精度な画像分類器の条件について考えてみましょう。分類器は、画像を入力すると、**その画像を示すクラスとその確率を出力**します。あるクラスyの画像を分類器に入力したとき、そのクラスの確率が「1」に近く、それ以外のクラスである確率が「0」に近ければ、その分類器はそのクラスyに対して高精度な分類器です。たとえば、犬の画像を分類器に入力したとき、画像のクラスが犬である確率が「1」に近く、イスや猫などの犬以外のクラスである確率が「0」に近ければ、その分類器は犬のクラスに対して高精度な分類器です。このとき、横軸にクラスy（犬やイス、猫など）、縦軸に画像xがそのクラスである確率（条件付き確率）$p(y|x)$をプロットすると、P.142の上図のように、1つの**ピーク**をもちます。逆に、犬のクラスである確率とイスのクラスである確率が同じなら、その分類器は犬のクラスを高精度に分類できておらず、$p(y|x)$はピークをもちません。

　また、犬やイス、猫など、多くの任意のクラスyについて確率$p(y)$が同程度なら、それは高精度な分類器です。これはサイコロを考えてみるとわかりやすいかもしれません。1の目や2の目などの値の出やすさが同じサイコロは、公正なサイコロです。このとき、$p(y)$はP.142の上図のように一様に近い分布となります。すなわち、$p(y|x)$と$p(y)$の分布を調べることにより、分類器の精度を数字で表すことができます。

　Inception Scoreは、生成した画像に対して、$p(y|x)$と$p(y)$の分布を求めたとき、**それらの近さを表す指標**です。$p(y|x)$と$p(y)$を、ImageNetで学習済みの画像分類器であるInceptionを使って出力するため、Inception Scoreとい

■ ISにおける $p(y|x)$ と $p(y)$ の違い

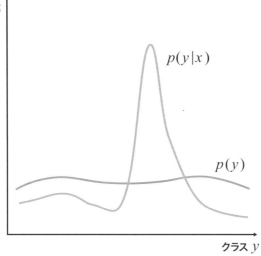

われます。

● Frechet Inception Distance (FID)

Frechet距離は、曲線上の点の順番を考慮した、**2本の曲線の近さを表す指標**です。Frechet距離は、人が犬をリードにつないで散歩するとき、最小限必要なリードの長さとして説明されます。下図では、人と犬がそれぞれ赤線と青線の経路で散歩するとき、各時刻での人と犬の間の距離（図中点線）のうち、最小の距離がFrechet距離となります。2つの分布どうしの近さも同様に、Frechet距離で表すことができます。

■ 曲線や分布のFrechet距離

Frechet Inception Distance（FID）は、生成された画像と実際の画像からInceptionモデルを使って特徴量ベクトルを抽出して分布をプロットしたとき、

142

その**2つの分布の近さ**です。分布を正規分布で近似すると、2つの分布の平均値の差と標準偏差の差を用いてFIDを計算できます。

● Amazon Mechanical Turk（MTurk）による知覚評価

ISやFIDは数式で定義される指標ですが、**人が見てどう思うかという知覚評価**も重要な指標です。知覚評価は、数式で評価することが苦手なタスクを、不特定の作業者に依頼して行う評価です。これには、Amazonの「Mechanical Turk（MTurk）」などのクラウドソーシングサービスがよく利用されています。MTurkでは、依頼者がタスクを電子掲示板に書き込み、対価を提示します。その書き込みを見た人がそのタスクを請け、作業をすることで対価を得ます。安価で十分な人手を確保したいときに用いられています。

■ Amazon Mechanical Turk（MTurk）の電子掲示板

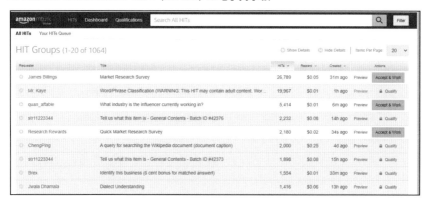

まとめ

▶ **cGANを用いて条件に合う画像を生成**

▶ **CycleGANはサイクル一貫性の制約のもとで、異なるドメインの画像を生成**

▶ **GANが生成した画像の実画像との近さを定量的に評価できる**

28 敵対的攻撃と防御

ディープラーニング（深層学習）はその高性能さにより信頼できるように思われますが、ディープラーニングを攻撃してだますことができます。本節では、その攻撃と防御の手法を見ていきましょう。

● ディープラーニングを攻撃する敵対的サンプル

「敵対的サンプル（adversarial example）」とは、ディープラーニングが正しく識別したデータに、人間の目では認識できないほどの微小な**ノイズを加え、正しく識別できなくするサンプル**のことです。たとえばディープラーニングが、次図の左下の画像を57.7％の確からしさで「パンダ」と出力したとします。そこに微小なノイズを加えると、人間の目ではパンダに見えるのに、ディープラーニングは99.3％の確からしさで「テナガザル」と出力してしまうことがあります。この微小なノイズを「**摂動（perturbation）**」といいます。

これは重大な問題となる可能性があります。たとえば、ディープラーニングを自動運転に用いる場合、「止まれ」の標識を「進め」と誤認すると、重大な事故につながりかねません。

■ 敵対的サンプルの例

 $+0.007\times$ 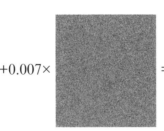 =

x　　　　　　　　　　　　　　　　　　　　　　　$x+\eta$
57.7% の確からしさで　　　微少なノイズ（摂動）　　99.3% の確からしさで
　　「パンダ」　　　　　　　　　　　　　　　　　　　「テナガザル」

出典：Ian J. Goodfellow, Jonathon Shlens & Christian Szegedy「Explaining and Harnessing Adversarial Examples」図1を参考に作成

144

◉ 敵対的攻撃を行うアルゴリズムの例

　実データに摂動を加えてディープラーニングをだます攻撃を「**敵対的攻撃 (adversarial attack)**」といいます。さまざまな敵対的攻撃の手法が考案されていますが、ここでは「Fast Gradient Sign Method：FGSM」と「Jacobian-based Saliency Map Attack：JSMA」について紹介します。

　FGSMは、**損失関数の値を最大化する摂動** η を、画像 x に加えます。この摂動は、正しいクラスの損失関数を最大化するもので、これを加えることで**誤分類**させることができます。ちなみにP.144の図は、FGSMによる敵対的サンプルです。しかし、この摂動では誤分類先のクラスまでは指定しません。

　一方、JSMAは、**画像を特定のクラスに誤分類させるような摂動**を加えます。この摂動は、誤分類させるクラスの特徴を強調し、それ以外の特徴を抑制するものです。次図は画像を0～9のいずれかに分類する問題ですが、どの画像にも特定のクラス（たとえば9）に誤分類させるように、摂動を加えています。

■ 出力するクラスを意図的に間違わせた例

縦軸が入力したクラス、横軸が出力したクラス

出典：Nicolas Papernot, Patrick McDaniel, Somesh Jha, Matt Fredrikson, Z. Berkay Celik, Ananthram Swami「The Limitations of Deep Learning in Adversarial Settings」図1

● 敵対的攻撃の防御

敵対的攻撃を防御するには、訓練データに加え、**敵対的サンプルをディープラーニングで学習**します。これを「**敵対的学習（adversarial training）**」と呼びます。たとえば、パンダの画像を「パンダ」と学習し、さらにその画像に摂動を加えた敵対的サンプルも「パンダ」と学習します。

■ 敵対的学習の流れ

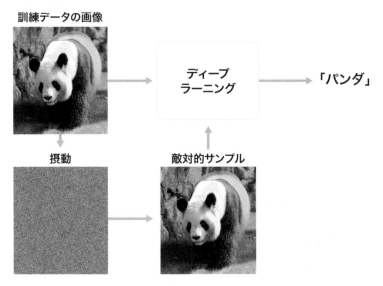

FGSMによって生成した敵対的サンプルを、実在するデータに加えて訓練データをつくり、学習させることで敵対的学習が可能となります。これにより、攻撃を防御できます。加える敵対的サンプルの数は適切に設定します。さらに、**活性化関数**（P.162参照）を適切に選んで敵対的学習（滑らかな敵対的学習：smooth adversarial training）を行うことで、精度を保ったまま防御できることもわかってきました。

なお、今回の敵対的サンプルのノイズとは別に、訓練データの数を人為的に増やす方法としては、訓練データをぼかしたり、チャネルを入れ替えたりする「**データオーギュメンテーション（data augmentation）**」（P.172参照）があります。データオーギュメンテーションについては第5章で紹介します。

● パッケージ「Cleverhans」を用いた実装

一般に、敵対的サンプルを生成するには、**ディープラーニングを定義している関数などを書き換える必要**があります。たとえば、FGSMを実装するには、データに対する損失関数の勾配を計算し、摂動を求めます。この書き換えを、ディープラーニングごとや、敵対的サンプルを生成する手法ごとに実装するのは手間がかかります。

Googleは2017年、敵対的サンプルの生成を簡単にするPythonパッケージ「CleverHans」を公開しました。CleverHansを用いると、上記の書き換えなどを行わなくても、**コードを書き足すだけで敵対的サンプルを試すことができます**。またGoogleは2018年、うまくだませるかを競うコンペ（Unrestricted Adversarial Examples Challenge）を開催しました。敵対的攻撃と防御のアルゴリズムは日々進歩しています。

まとめ

▶ **敵対的サンプルをつくることでディープラーニングを攻撃できる**

▶ **敵対的攻撃の手法としてFGSMなどがある**

▶ **訓練データと敵対的サンプルを学習することで攻撃を防御できる**

29 GAN のこれからの広がり

人間の顔の画像は大切な情報ですが、GANの技術を使うと、架空の人物の顔の画像を、あたかもその人物が実在するかのようにリアルに生成できます。また、顔の特徴や顔自体、さらに顔の表情を変更することもできるようになってきています。

■ GAN を用いた顔の画像の生成

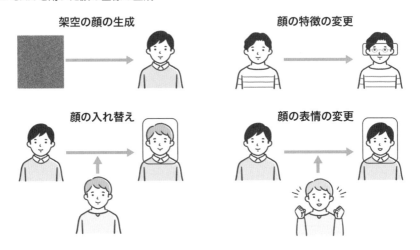

架空の顔の生成

顔の特徴の変更

顔の入れ替え

顔の表情の変更

● 架空の顔の画像を生成する

あなたの周りにある顔の画像は、架空の人物の画像かもしれません。GANを用いた顔の画像を生成する技術は、ゲームキャラクターや広告モデルの顔などに使われています。ジェネレイテッドメディア社はプライバシー保護のため、SNSに用いる顔のアイコンを、画像生成の技術を使って生成したものに変更することを提案しています。

GANとスタイル変換を用いると、架空の顔の画像をリアルに生成できることが知られています。スタイル変換は、**画像を物体や風景などの「コンテンツ」と、テクスチャなどの「スタイル」に分け、スタイルのみを入れ替える技術**です。

まず、ある分布からランダムにサンプリングした1点z（次図左上）を入力として、スタイルを生成します。次に、生成したスタイルを低解像度から高解像度まで、あらゆる解像度で利用して画像を生成することで、リアルな画像を生成できます。この技術は2019年、NVIDIAによって「**StyleGAN**」として考案されました。このStyleGANを利用すると、本物と識別ができないほどリアルな高解像度の画像を生成できることが確認されています。

■ StyleGANの特徴

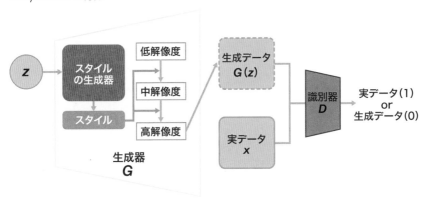

出典：Tero Karras, Samuli Laine, Timo Aila「A Style-Based Generator Architecture for Generative Adversarial Networks」図1を参考に作成

◉ 顔の画像の特徴を変更する

性別、人種、年齢、髪型、ひげ、眼鏡の有無など、**顔の画像の特徴を変更する技術**が考案されています。キプロスのFaceAppは、「FaceApp」（faceapp.com）というモバイルアプリを開発しました。FaceAppは、AIを用いた画像編集アプリで、自撮り画像にひげをつけたり、顔年齢を変えたりすることができます。顔の画像にひげをつけるには、ひげがない顔の画像と、ひげがある顔の画像を大量に収集し、異なるドメインの画像を生成する技術である**CycleGAN**（P.140参照）などを使い、ドメインを変更するように学習すればよいでしょう。

顔の画像の特徴の変更は、**美容・整形外科におけるシミュレーション**などにも役立ちます。たとえば、眼鏡を購入する際に見た目の印象をシミュレーションしたり、髪型を変えるときや美容整形を行うときに仕上がりを予想したりす

■ FaceApp で自撮り画像にひげをつけた例

出典：FaceApp アプリサイト（https://www.faceapp.com/）

ることができます。資生堂が提供している「ワタシプラス」というアプリを使うと、店頭で商品テスターを試す感覚で、オンラインでメイクを試せます。

● 顔の画像を入れ替える

　顔の画像を入れ替える技術には、古典的な**コンピュータグラフィックスを用いる「フェイススワップ」**と、**ディープラーニングを用いる「ディープフェイク」**があります。フェイススワップには、同じ方向を向いた２人の画像を用意し、一方の顔を切り抜いて、もう一方の顔に貼り付けます。切り抜く顔の大きさや色が合っていれば、自然なフェイススワップとなりますが、切り抜きや貼り付け、色合わせなどに注意が必要です。

　ディープフェイクでは、顔画像の収集、潜在顔の生成、顔の付替えのステップを通して、顔を入れ替えます。顔画像の収集では、ディープラーニングを用いるため、ＡさんとＢさんの顔画像を大量に収集します。「潜在顔」とは、潜在的な顔の特徴のことで、**オートエンコーダを用いて生成**します。ＡさんとＢさんの潜在顔はそれぞれ、エンコーダとデコーダＡ、エンコーダとデコーダＢで学習します。ここで、**同じエンコーダを使うことがポイント**です。顔の付替えでは、Ａさんの顔画像を学習済エンコーダに入力してＡさんの潜在顔を生成し、それをデコーダＢに入力して、Ｂさんの表情をしたＡさんの顔画像を生成します。

　「ディープフェイク」という名称は、「@deepfakes」というユーザーが、このようにして生成したディープフェイク動画をSNSに投稿したことに由来しま

す。ディープフェイクは、顔画像が大量に公開されている著名人の画像で行われ、話題となっています。たとえば、本人は発言しないような内容を発言する大統領のディープフェイク動画が公開され、騒動を巻き起こしました。

■ ディープフェイクの原理

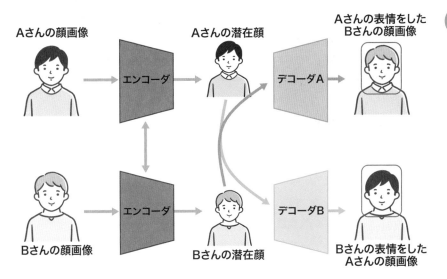

出典：Thanh Thi Nguyena, Quoc Viet Hung Nguyenb, Dung Tien Nguyena, Duc Thanh Nguyena, Thien Huynh-Thec, Saeid Nahavandid, Thanh Tam Nguyene, Quoc-Viet Phamf, Cuong M. Nguyen「Deep Learning for Deepfakes Creation and Detection: A Survey」図3を参考に作成

顔の画像の表情を変更する

1枚の画像の顔の表情を変更することはできるでしょうか。たとえば、「モナリザの微笑み」から、「モナリザの悲しみ」や「モナリザの驚き」をつくる（P.152の上図参照）ということです。

cGAN（P.138参照）を使えば、表情の異なる顔画像を生成できます。入力する条件を、**生成したい顔の輪郭**にするのです。たとえば、P.152の下図のように、表情を指定する画像（左から2番目）から抽出した顔の輪郭（左から3番目）を条件とし、下向きや正面向きの元の画像（左から1番目）から、左向きの画像（左から4番目）を生成できます。

■ モナリザの表情の変更例

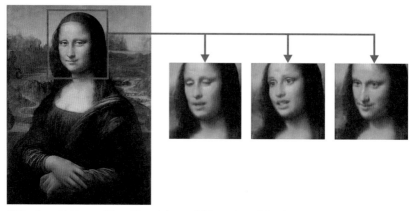

出典：Egor Zakharov「Few Shot Adversarial Learning of Realistic Neural Talking Head Models」(YouTube) を参考に作成

　うまくいっているように見える画像生成の技術ですが、大きく3点の課題があります。1点目は、**顔を違和感なく生成する技術**です。たとえば、生成された動画では、まゆ毛や口元などの顔のパーツがちらついて見えたり、歯並びに違和感があったりすることが指摘されています。2点目は、**唇の形状とスピー**

■ 顔の輪郭抽出

元の画像　　　　　表情を指定する画像 ➡ 顔の輪郭 ➡ 生成した画像

出典：Egor Zakharov, Aliaksandra Shysheya, Egor Burkov, Victor Lempitsky, Samsung AI Center, Moscow Skolkovo Institute of Science and Technology「Few-Shot Adversarial Learning of Realistic Neural Talking Head Models」図1を参考に作成

チを違和感なく組み合わせる技術です。「あ」という音を発するときには、唇が「あ」の形状をしていなければなりません。また、スピーチの内容に合うように顔の表情を変化させることも求められます。3点目は、**生成した画像を見破る技術**です。ディープフェイクがうまくいくと、動画が本物か偽物かわかりにくくなるので、セキュリティの問題が生じます。

政治家の発言などをディープフェイクで捏造した動画が出回ると、社会は混乱するでしょう。著名人がディープフェイクのターゲットとされ、悪質なディープフェイク動画が増えていることから、生成された動画を見破る技術が求められ、開発が進められています。

● AIは人間の創造性を拡張する

本章で紹介した生成技術は、ディープフェイクなど、2次元の画像を生成するものでしたが、その先には3次元化が期待されています。それは、たとえばバーチャルリアリティやホログラムなどの技術を組み合わせた仮想世界（メタバース）です。

仮想世界は、人との接触低減が求められるコロナ禍でますます注目が集まっています。Googleは仮想世界において、世界中の美術館に、家にいながら無料で足を運べるデジタル美術館「Google Arts & Culture」をリリースしています。インターネットでデジタル美術館に入館すると、北斎の「神奈川沖浪裏」など、多くの美術品を自分のペースで楽しめます。また、Facebookは、仮想世界に積極的に注力していくことを表明し、2021年に社名をMetaと変更して大きな話題を呼びました。

本章では、絵画や音楽、文芸に進出したAIについて紹介してきましたが、香りや匂いの領域にも進出しようとしています。Googleなどの論文では2019年、匂い分子の構造から、その分子が甘い匂いなのかフルーティーな匂いなのかなど、機械学習を用いて**匂いの種類を判別する精度を向上させることができた**と発表しています。近い将来、匂いの生成モデルなども登場するかもしれません。このようにAIで実現できる領域はますます増えていくでしょう。

私たち人間とAIとの関わり方を表現する言葉として「augmented creativity（人間の創造性の拡張）」が提唱されています。たとえば作曲では、最初に**AIがベー**

スとなる楽曲を作成し、そのあと人間がアレンジして完成させるという作業分担が起こると想定されます。大枠をAIがつくり、より人間の心に響くように調整する作業を人間が担当するわけです。逆に、人間が作成した大枠をAIが調整することもあるかもしれません。

　augmented creativityの社会への実装に、本章で紹介した生成モデルが一役買うことになるでしょう。これまでに紹介してきたように、クリエイターを支援する生成モデルは開発され始めています。今後、AIとピアノを連弾することもあるでしょう。忙しいクリエイターを支援するのに、猫の手ならぬ、「AIの手」を借りることも出てくるでしょう。そして、クリエイターを凌駕する生成モデルは出てくるのでしょうか。今後の開発に期待です。

■ 人間の創造性の拡張

画像提供：iStock.com/Jun

まとめ

- ▶ GANを使って顔の画像の生成や表情の変更ができる
- ▶ 違和感なく生成する技術やそれを見破る技術などが課題
- ▶ AIの生成技術を使うことで、人間の創造性を拡張できる

5章

画像認識の
手法とモデル

AIは「何が写っているか」などの画像の情報を
抽出する「画像認識」にも用いられています。
画像認識の技術は自動運転や顔認証システムな
どに応用できます。ここでは画像認識のタスク
の種類と、画像認識に用いられる手法やモデ
ル、技術について見ていきます。また、ディー
プラーニングにおける学習の工夫や、画像認識
の精度の評価指標についても解説します。

30 画像認識のタスク

画像認識の技術により、さまざまなことができるようになりました。画像認識の主なタスクは、画像分類、物体検出、セグメンテーションです。本節では、例を挙げながら紹介します。

● 画像認識の主要な3つのタスク

　画像認識とは、「画像に何が写っているか」など、**画像の情報をコンピュータによる計算で抽出する技術**のことです。画像には、人間や動物、風景などの情報が含まれています。人間が画像を見れば、その画像に動物が写っているか、車が何台写っているかなどがすぐに判別できるでしょう。しかし、コンピュータは通常、数字の羅列でしか情報を処理できません。コンピュータを使って（人間の判別がなく）自動で画像の情報を抽出するためには、特別な計算が必要になります。

　画像認識には、目的や画像の性質などに応じたさまざまなタスクがあります。ここでは、画像分類、物体検出、セグメンテーションのタスクを説明します。

■ 画像分類、物体検出、セグメンテーションの3つのタスク

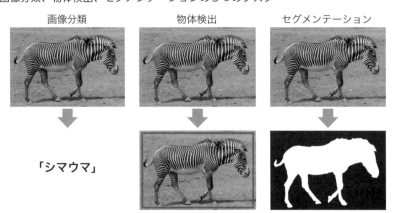

● 画像をクラスに分類する画像分類

　画像分類とは、**画像がどのクラス（犬、オオカミ、キツネなど）に属するか
を分類する技術**のことです。たとえば、ある画像を見て、犬とオオカミのどち
らが写っているかを分類します。下図では、ニューラルネットワークに犬の画
像を入力し、90％の確率で犬、8％の確率でオオカミ、2％の確率でキツネ
という分類結果が出力されています。

■ 入力データを分類する画像分類のイメージ

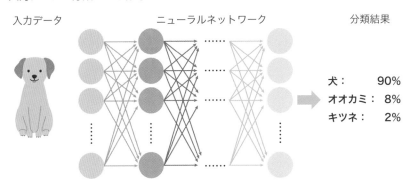

　ディープラーニング（深層学習）で画像分類をできるようにするためには、「こ
の画像はクラスA（犬）」「この画像はクラスB（オオカミ）」ということをあら
かじめ教える必要があります。たとえば、犬を見たことがなければ、どこを見
て犬と推論してよいかわかりません。そのため、あらかじめ分類したい画像を
たくさん集め、クラスごとに分類し、そうして準備された訓練データ（教師デー
タ）を使って、コンピュータに**どの特徴を見て分類すべきかを学習**させます。

● 画像に写っている物体を検出する物体検出

　物体検出とは、画像に写っている**特定のクラス（人間、動物、自動車など）
の物体を検出する技術**のことです。一般的には、四角形（**バウンディングボッ
クス**）で物体を囲んで位置を特定します。身近な例としては、スマートフォン
のカメラが人間の顔を認識して表示する四角形も物体検出の1つです。物体検
出はほかに、製造、建設、医療などの幅広い分野で活用されています。

■ 物体検出の例

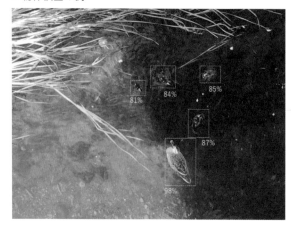

クラス：鳥

物体検出の結果は、検出したクラス名、バウンディングボックスの位置と大きさの組で表示されます。上図では、鳥の検出結果が、鳥と分類した確率と、鳥を囲むバウンディングボックスで示されています。たとえば、最も大きなバウンディングボックスには、98％の確率で鳥が検出されたと示されています。

物体検出の目的は、検出する物体の**おおよその位置と大きさを知る**ことです。バウンディングボックスの位置や大きさが少しずれていることはさほど重要ではありません。

◉ ピクセルにラベル付けをするセグメンテーション

セグメンテーション（P.139参照）とは、画像の１つひとつのピクセルに対して、**各ピクセルが示す意味のラベル付けをする技術**のことです。物体検出とは異なり、検出する物体が「画像のどの位置にあるか」だけではなく、その形状の詳細な情報を抽出できます。セグメンテーションは、ロボット制御や自動運転など、精細な画像認識が必要な場面で利用されています。

セグメンテーションは、「**セマンティックセグメンテーション**」と「**インスタンスセグメンテーション**」の２つに分けることができます。セマンティックセグメンテーションは、画像の１つひとつのピクセルに対して、「何が写っているか」というラベルを付ける技術です。一方、インスタンスセグメンテーショ

■ セグメンテーションの例

ンは、物体のインスタンスを**ピクセル単位でラベル付け**をする技術です。イン
スタンスは「実体」という意味ですが、ここでは物体1つひとつのことをいい
ます。シマウマの画像を左に、シマウマのセグメンテーションを右に示してい
ます。

　セグメンテーションを行うための学習には、大量の画像に対して**ラベル付け
をした訓練データが必要**ですが、これを準備するには大量の人手や手間、時間
がかかります。そのため、画像の一部のみに付けたラベルから学習したり、精
度の低いニューラルネットワークの結果を活用したりするなどの工夫がされて
います。

まとめ

▶ **画像分類は、画像が属するクラスに分類する**

▶ **物体検出は、画像に写っている特定クラスの物体を検出する**

▶ **セグメンテーションは、画像のピクセルごとにラベルを付ける**

31 畳み込みニューラルネットワーク（CNN）

画像認識のタスクでよく使われる技術に、畳み込みニューラルネットワーク（CNN）があります。本節では、CNNの構成要素である畳み込み、プーリング、活性化関数、構造と損失関数について解説します。

● 画像の部分的な特徴を抽出する畳み込み層

　ニューラルネットワークの「畳み込み層」では、直前の層の出力に対して「**畳み込み処理**」を行います。畳み込み処理は、行と列で表される空間フィルタを画像上で移動させながら、**ピクセルと空間フィルタの要素ごとの積の和**を計算する処理です。空間フィルタは、画像の部分的な範囲での特徴を抽出するために用いられます（P.64参照）。下図は、6×6サイズの入力画像に、3行3列の空間フィルタで畳み込み処理を行う例です。入力画像の数字は、入力画像を構成するピクセルの輝度値です。入力画像の左上に対して、ある空間フィルタとの要素ごとの積の和を計算すると「114」が得られるため、畳み込み処理の出

■ 畳み込み処理のイメージ

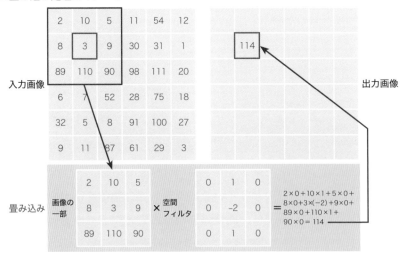

力画像において、入力画像の左上の中心に対応するピクセルに「114」という値が入ります。下図の空間フィルタを使うと、画像の縦方向のエッジを強調した結果を出力できます。フィルタの数字の組合せを変えることで、縦や横などの多様なパターンを抽出できます。

畳み込み処理は、脳の視覚野の神経細胞にある、画像の特徴量を抽出する単純型細胞の働きがモデルとなっています。畳み込み処理には、このほかに「**膨張畳み込み**（Atrous 畳み込み）」や「**Depthwise 畳み込み**」などがあります。

特徴を特定するプーリング層

ニューラルネットワークの「プーリング層」では、直前の層の出力に対して「**プーリング処理**」を行います。プーリングとは、入力画像のある範囲（ウィンドウ）の数値から1つの数値を取り出す処理で、脳の視覚野を構成するもう1つの細胞である複雑型細胞のモデルといわれています。プーリングには、ウィンドウ内の最大値を返す「**最大値プーリング**」や、平均値を返す「**平均値プーリング**」などがあります。よく使われるのは最大値プーリングです。

■ 最大値プーリングの例

ある範囲（たとえば2×2のサイズ）の最大値を取り出す

プーリング層は、畳み込み層のあとに配置されると、畳み込み層の出力に対して、ウィンドウ内の最大値（または平均値など）を計算します。畳み込み層の数字の組が多少異なっても、プーリングによって同じ結果が出力されます。

非線形な変換を行う活性化関数

畳み込みは、**入力に対して出力を比例させる「線形な処理」**でした。線形な

処理では、入力と出力をグラフで書くとまっすぐな直線になります。ニューラルネットワークが画像認識を高精度で行うためには、柔軟な対応が求められるため、入力に対して出力をぐにゃりと曲げる「**非線形な処理**」が必要です。このために使われるのが「**活性化関数**」です。

■ 線形な処理と非線形な処理の違い

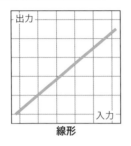
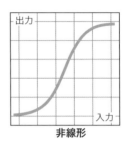

線形　　　　　　　　　非線形

　ここでは代表的な活性化関数である「**シグモイド関数**」と「**ReLU（Rectified Linear Unit）関数**」について解説します。シグモイド関数は、0〜1の値を出力する連続的な関数で、入力値が正の大きい値ほど1に近い値を、入力値が負の大きい値ほど0に近い値を返します。ReLU関数は、入力値が正ならその値、負ならゼロを返す不連続な関数で、「**勾配消失**」という現象が起こりにくいことと、計算しやすいことからよく使われる関数です。勾配消失とは、ある段階を超えると学習が進まなくなる現象のことです。

■ シグモイド関数とReLU関数

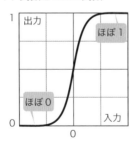
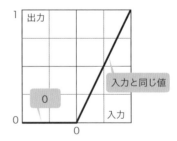

● ニューラルネットワークの構造

　ニューラルネットワークでは、畳み込み層やプーリング層などの並べ方、各

層のつなげ方の取り決めなどを「**ニューラルネットワークの構造**」と呼びます。P.164に「AlexNet」と呼ばれるCNNの構造を示しています。図中の四角形は入力に対して行う処理、矢印はデータの受け渡しです。また、畳み込み処理の空間フィルタの数値などを「**パラメータ**」と呼びます。パラメータは学習時に求めます。

● 画像認識に用いられる損失関数

ニューラルネットワークでは、「**損失関数**」を最小にするように最適化（学習）を行います。損失関数では、「正解値」と、ニューラルネットワークにより出力された「推論値」との**差の大きさ**を計算します。

画像認識でよく使われる損失関数としては、「**交差エントロピー誤差**」と「**二乗和誤差**」があります。交差エントロピー誤差は、「正解値」と「推論値」の分布の近似性を計算します。二乗和誤差とは、「正解値」と「推論値」でピクセルごとの輝度値の差を二乗し、足し合わせた値のことです。画像分類やセグメンテーションでは交差エントロピー誤差、物体検出では二乗和誤差がよく用いられます。

■交差エントロピー誤差

$$E = -\sum_k T_k \log y_k$$

T_k：正解値
y_k：推論値

■二乗和誤差

$$E = \frac{1}{2}\sum_k (T_k - y_k)^2$$

まとめ

▷ **ニューラルネットワークでは、畳み込み層やプーリング層などの並べ方、各層のつなげ方の取り決めなどを「構造」と呼ぶ**

▷ **損失関数は、正解値と推論値の差の大きさを表す**

▷ **画像認識では交差エントロピー誤差と二乗和誤差がよく使われる**

32 画像認識の発展のきっかけとなったCNN

CNNが画像認識に用いられるようになってから、画像認識の分野は大きく発展しました。ここでは、発展のきっかけとなった「AlexNet」を紹介し、AlexNetモデルの利用方法にも触れます。

● 画像分類にディープラーニングを取り入れたAlexNet

　「AlexNet」は2012年、ヒントン教授らのチームが発表した**画像分類の構造**です。AlexNetは、初めて**画像分類にディープラーニングの概念を取り入れる**ことによって、当時の画像分類のコンペティション「ImageNet Large Scale Visual Recognition Challenge：ILSVRC」で飛躍的な成果を上げました。

　2012年以前は、物体の色、輝度、形状などをもとに人間が特徴量フィルタを設計していたので、有効な特徴量フィルタを設計できることが重要でした。しかしAlexNetにより、十分なデータさえあれば、**CNNが自動的に特徴量フィルタを設計できる**ことが示されました。

　AlexNetは下図のように、5つの畳み込み層（青い四角形）、3つのプーリング層（ピンクの四角形）、3つの全結合層（黄色い四角形）で構成されます。入力データは224×224サイズ、出力は1,000個の要素をもつ1次元のベクトルで、それぞれ1,000個のクラスを表します。全結合層では、その層への入力の特徴を抽出する線形変換と、その結果から分類確率を計算する非線形変換を行います。

■ AlexNetの構造

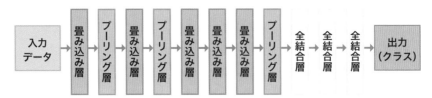

出典：Alex Krizhevsky, Ilya Sutskever, Geoffrey E. Hinton「ImageNet classification with deep convolutional neural networks」図2を参考に作成

AlexNetに取り入れられたいくつかの概念は、その後の開発に影響を与え、現在の標準技術となっています。

⭕ AlexNetを有名にしたベンチマークのデータセット

さまざまな構造の良し悪しを把握するために、公開されているデータセットを使って学習と推論を行い、精度を比較することがあります。このような精度の比較を「**ベンチマーク**」と呼びます。

画像分類のベンチマークのために公開されているデータセットとしては「**ImageNet**」が有名です。ImageNetは、**1,400万枚以上もの大規模なカラー写真のデータセット**です。それぞれの画像には、コンテナ船、スクータ、ヒョウなど、何が写っているかを示すラベルが付与されています。

ImageNetを利用した画像分類のコンペティション「ILSVRC」は、2010年から2017年まで毎年開催されていました。ImageNetは現在も使われることが多く、画像認識の技術進歩に大きく貢献しています。

■ ImageNetの画像の一部

ImageNetの画像の例

コンテナ船　スクータ　ヒョウ

出典：「t-SNE visualization of CNN codes」（スタンフォード大学のWebサイト）、Alex Krizhevsky, Ilya Sutskever, Geoffrey E. Hinton「ImageNet Classification with Deep Convolutional Neural Networks」（ACM Digital Library）をもとに作成

● AlexNetなどの学習済みモデルの利用

　ディープラーニングは、学習と推論のステップからなります。学習のステップでは、大量の訓練データを用意し、画像分類などのタスクに応じたニューラルネットワークを学習します。学習を終えると、**構造のパラメータ（重み）に値が入った学習済みモデル**ができます。推論のステップでは、学習済みモデルを使い、対象データを推論して結果を出力します。たとえば、猫の画像に対しては、画像分類の結果、「猫」と出力されます。学習済みモデルが入手できれば、モデルを学習させることなく、推論の対象データに対して結果を確認できます。現在、AlexNetでImageNetを学習した学習済みモデルなどが公開されています。

■ 学習と推論の流れ

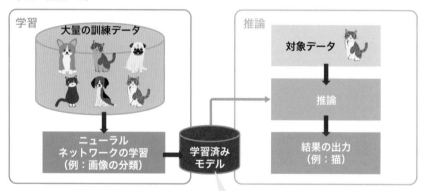

● AlexNetなどの学習済みモデルの転用

　学習済みモデルは便利ですが、推論の対象データに対して、うまく機能しない可能性があります。このような場合に有効なのが「**転移学習**」です。転移学習とは、ある特定のドメインの訓練データで学習したモデルを、別ドメインの対象データの学習に転用することをいいます。

　転移学習は、**学習済みモデルを特徴抽出に使う方法**と、**学習済みモデルのパラメータを微調整する方法（ファインチューニング）** （P.116参照）に分けられます。特徴抽出では、学習済みモデルを新しいモデルに組み込み、組み込んだ

■ 転移学習のイメージ

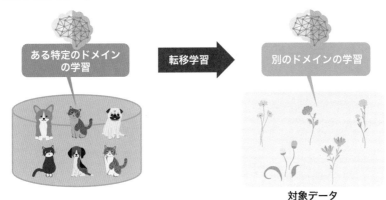

対象データ

モデルを用いて推論の対象データから特徴量を抽出し、新しく追加した層のパラメータのみ学習させます。たとえば、犬と猫という特定のドメインの画像で学習済みモデルを作成し、花という別のドメインの画像を学習するため、転移学習を用いたいとしましょう。犬と猫の画像で作成した学習済みモデルのうち、最終層以外のパラメータの値を固定して花の特徴量を抽出し、最終層のみ学習することで、花という対象データのドメインに適した学習済みモデルをすみやかに得ることができます。

　一方、ファインチューニングでは、学習済みモデルのパラメータを初期値として、そのモデルの一部または全体のパラメータを微調整します。その際、非常に低い学習率（P.178参照）でパラメータの値を微調整します。学習済みモデルの一部のパラメータも新しいデータで学習するため、高精度なモデルが得られます。

まとめ

▷ **AlexNetは、画像分類の精度を飛躍的に向上させた**

▷ **ImageNetでAlexNetを学習した学習済みモデルなどが公開されている**

▷ **学習済みモデルを転移学習に用いることができる**

33 CNNの精度とサイズのバランス

AlexNet以降、さまざまなCNNのモデルが考案されてきました。まず、モデルの精度向上の歴史を概観し、従来より少ないパラメータ数で高い精度をたたき出した「EfficientNet」について解説します。

● CNNの精度向上の歴史

　AlexNetが画像分類のタスクで圧倒的な精度をたたき出したことで、画像認識のタスクではCNNが主流となりました。AlexNet以降、毎年新たなCNNのモデルが考案され、一貫して精度向上に寄与しています。

　画像認識のタスクで高い精度を出すためには、どんな構造にすればよいでしょうか。畳み込み層の空間フィルタのサイズや層の並べ方を工夫したり、層の数を増やしたりするなど、さまざまな構造が考案されてきました。その結果、CNNの精度向上のためには、**層の数（深さ）**、**特徴量の数（幅）**、**解像度**が鍵となることがわかってきました。

　通常のCNNの構造より層の数を増やすと精度が向上します。このことは、**残差ブロックを用いたCNNである**「**ResNet**」によって示されました。残差ブロックとは、通常のCNNの構造$F(x)$に、入力データxを加えたブロックのことです。このブロックでは、$F(x)$はxに対する残差となっているため、残差ブロックと呼ばれています。残差ブロックを数十層つなぐことで、ResNetは通常のCNNの構造より高い精度を達成しました。そもそもディープラーニング（深層学習）は「層が深い」学習のことなので、「深さ」が大切になることは理解しやすいでしょう。

　CNNの特徴量の数（幅）とは、畳み込み層の**出力のチャネル数**のことです。チャネル数を増やして精度が向上した例に「Wide ResNet」などがあります。

　また、**入力画像の解像度を高くする**と、推論の精度の向上が確認されています。高解像度の画像を使うことで、CNNがきめ細かいパターンを抽出していると考えられます。ImageNetの画像サイズは1辺224ピクセルの正方形ですが、

■ 通常のCNNと残差ブロック

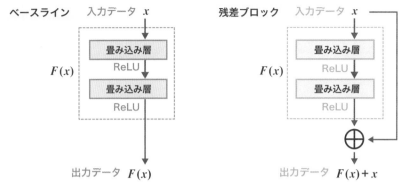

出典：Kaiming He, Xiangyu Zhang, Shaoqing Ren, Jian Sun「Deep Residual Learning for Image Recognition」図2を参考に作成

1辺480ピクセルの高解像度の画像を用いて精度が向上した例もあります。

精度とサイズのバランスをとるEfficientNet

ここまで、CNNの深さと幅、解像度を大きくすることで画像分類の精度を向上させる例を見てきました。しかし、このような改良を行うと、CNNで学習すべきパラメータの数（サイズ）が増え、大きなサイズのCNNを用いるためにコンピュータのメモリ増設が必要という事態が発生します。また、サイズを増やしても、それだけ精度が向上するわけではないこともわかってきました。

そこで、コンピュータのメモリサイズに対して効率的に精度を向上させるため、Googleは2019年、CNNの**深さd、幅w、解像度rのバランス**が大事であるとして、**新しいCNN（EfficientNet）**を考案しました。そのなかで、深さ、幅、解像度を個別に変更して最適値を求めるには候補が多すぎるため、次式のように、α、β、γ、ϕに応じて同時に変化させることで、効率よく精度を向上できることを示しました。

$d = \alpha^{\phi}$, $w = \beta^{\phi}$, $r = \gamma^{\phi}$ （ただし、$\alpha \cdot \beta^2 \cdot \gamma^2 \fallingdotseq 2$, $\alpha \geqq 1$, $\beta \geqq 1$, $\gamma \geqq 1$）

ここで、α、β、γは**「グリッドサーチ」**で決まる定数です。グリッドサーチとは、調べる値（α, β, γ）の空間を格子状に区切り、**格子点上の値の組合せから適切な値を探索する手法**です。ϕはユーザーが決める係数で、コンピュータのメモリに応じて決定します。ϕが大きくなると、CNNの深さと幅、

解像度が同時に大きくなっていきます。通常、$\phi = 1 \sim 7$ を設定します。これまでは、通常のCNNの構造に対して独立に、幅、深さ、解像度を変更していましたが、パラメータの数を従来より少なく保ちつつ、2019年の最高性能を達成しました。なお、2021年に改良版EfficientV2が考案されています。

■ これまでの探索とEfficientNetの探索のイメージ

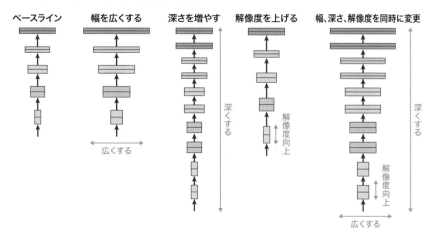

出典：Mingxing Tan, Quoc V. Le「EfficientNet: Rethinking Model Scaling for Convolutional Neural Networks」図2を参考に作成

◎ EfficientNetを利用した物体検出

高性能な画像分類モデルを物体検出に応用した例を紹介します。EfficientNetを使った物体検出用の「**EfficientDet**」が2020年、Googleによって考案されました。EfficientDetの構造はP.171の上図のとおりです。まず、EfficientNetを使って画像の特徴量を複数の解像度で抽出し、混ぜ合わせ（BiFPN）、その結果から物体のクラスとバウンディングボックスを出力します（prediction net）。

BiFPNでは、「**特徴量ピラミッド（feature pyramid）**」という考え方が使われています。これは、異なる解像度をもつ特徴量マップの集合です。たとえばP.171の下図の、右上の画像からは小さい家を検出でき、解像度を1/4に落とした右下の画像からは、大きい家を検出できます。特徴量ピラミッドでは両方の画像を使うため、家を2つとも検出できます。特徴量ピラミッドを用いたEfficientDetは、当時のSoTA（State-of-the-Art：最高精度）を更新しています。

■ EfficientDetの構造

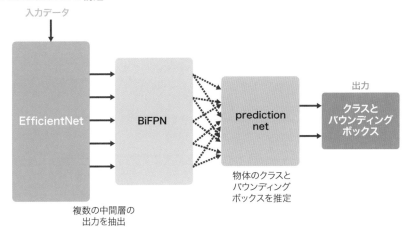

出典：Mingxing Tan, Ruoming Pang, Quoc V. Le「EfficientDet: Scalable and Efficient Object Detection」図3を参考に作成

■ 特徴量ピラミッドのイメージ

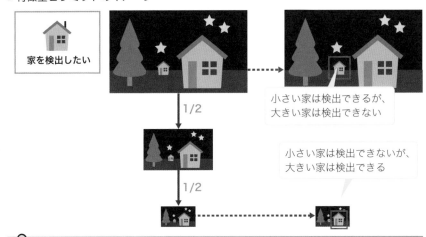

まとめ

▷ CNNの深さ、幅、解像度を変えることで精度が向上

▷ 深さ、幅、解像度を効率よく変えるEfficientNetを考案

▷ EfficientNetは物体検出のタスクにも応用できる

34 学習の工夫1

ディープラーニングでは、数百万以上のパラメータ（重み）を学習するため、工夫が必要です。本節では、「データオーギュメンテーション（data augmentation）」と特徴量の正規化について説明します。

● 学習の工夫の必要性

　ディープラーニングでよくある問題に「**過学習（過剰適合）**」があります。訓練データを用いて学習を行うディープラーニングでは、数百万以上のパラメータ（重み）の値を求めています。このパラメータの数は、訓練データに対して大幅に多いこともあります。たとえば、指定した点を通る直線$y = ax + b$を求めるには、求めるパラメータがaとbの2つなので、最低2つの訓練データが必要です。ディープラーニングでは、層の数が多いので、求めるパラメータの数は訓練データの数より多い傾向があります。これは、指定した点を通る直線$y = ax + b$を求めるとき、与えられる点が1つしかない場合と同じようなものです。**訓練データで正確に学習できても、未知のデータ（テストデータや推論データ）に適合できない**状況が起こります。これが過学習です。過学習の原因には、訓練データの不足のほか、訓練データのバイアスなどが挙げられます。

　過学習の対策は、**訓練データを増やす**ことです。訓練データが増えれば、さまざまな場合の学習ができるようになっていくはずです。既存の訓練データを使って疑似的に訓練データを増やすこともできます。これが「**データオーギュメンテーション（データ拡張）**」です。

● 訓練データを増やすデータオーギュメンテーション

　データオーギュメンテーションは、訓練データに対して、フリップ（反転）、回転、拡大・縮小などを行い、**データ数を疑似的に増やす技術**です。訓練データに対して、画像のなかで物体がフリップしたり、物体が回転あるいは拡大・

縮小したりしていても、物体を認識できるために、実際にあり得る範囲でデータオーギュメンテーションを行うのが望ましいとされています。

　「**フリップ（反転）**」は画像を左右または上下に反転させる処理です。「右から見た顔の画像は多いが、左から見た顔の画像はほとんどない」といった画像のバイアスの緩和が期待できます。「**回転**」は、指定した角度の範囲で画像を回転させる処理です。物体検出などで画像が多少回転していても同じように検出させたい場合に有効です。このようなデータオーギュメンテーションは頻出するので、「**深層学習フレームワーク**」（たとえばpytorch）であらかじめ定義されています。

　データオーギュメンテーションのライブラリ「**Albumentation**」が、最適なモデルの開発を競い合うコンペティションであるKaggleで優秀な成績を収めたエンジニアたちによって2020年に公開されました。このライブラリには、「画像をぼかす」「カラーを白黒にする」「RGBのチャネルを入れ替える」など、合計70種類以上のデータオーギュメンテーションを高速に実施できるツールが含まれています。Albumentationは無料で公開されており、誰でも利用可能です。

　データオーギュメンテーションは、現在でも精力的に研究されているテーマです。これまでに紹介した比較的理解しやすい画像変換のほかに、第4章で紹介した**生成モデルを使った方法**もあります。データセットによってはデータオーギュメンテーションで精度が向上したりしなかったりすることがあるため、タスクの特性や画像のバイアスなどを考慮して試行錯誤をする必要があります。

■ Albumentationに含まれるデータオーギュメンテーションの例

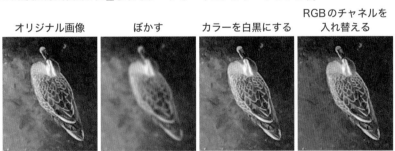

オリジナル画像　　　ぼかす　　　カラーを白黒にする　　　RGBのチャネルを入れ替える

● 特徴量の正規化

　訓練データと推論データの間にはバイアスが生じやすいことが知られています（P.125参照）。たとえば、犬と犬以外の画像を分類するモデルをつくるとき、画像の枚数の比が、訓練データで7：3、推論データで3：7のとき、これらのデータの間にはバイアスが生じます。**バイアスを低減させるための手段の1つが特徴量の正規化**です。

　正規化は、**データの平均値を0、標準偏差を1になるようにする**ことです。特徴量の正規化では、特徴量に対して、あるルールで正規化します。特徴量の正規化は、ニューラルネットワークの学習をうまく進めるために重要な技術と考えられ、さまざまな正規化が考案されています。

　ここで、中間出力の特徴量がどんな形状をしているかを説明しておきましょう。中間出力の特徴量は、縦の大きさ、横の大きさ、チャネル数、バッチサイズの4次元データです。チャネル数とは、カラー画像のRGBのようなもので、カラー画像ではチャネル数は3です。バッチサイズとは、**コンピュータが一度に処理するデータの数**で、そのかたまりを「**ミニバッチ**」といいます。たとえば、下図は縦横の大きさ、チャネル数、バッチサイズがすべて4のミニバッチです。

　特徴量の正規化の例として、バッチ正規化、レイヤー正規化、インスタンス正規化、グループ正規化の4種類を紹介します。

■ 正規化の例

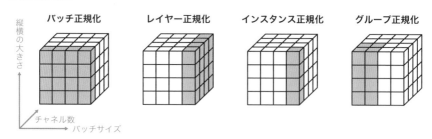

出典：Yuxin Wu, Kaiming He「Group Normalization」図2を参考に作成

174

●バッチ正規化 (batch normalization)

　あるチャネルを選択したとき、縦、横、バッチの方向で、すべての特徴量の値を選択して**正規化**します。すなわち、ミニバッチに入っている特徴量マップをチャネルごとに正規化します。P.174の例では、一度に正規化する特徴量は青色です。ミニバッチはチャネル数が4で、正規化はチャネルごとに合計4回行います。

●そのほかの正規化

　バッチ正規化以外にも、**レイヤー正規化**、**インスタンス正規化**、**グループ正規化**が考案されています。

　レイヤー正規化は、ある**バッチを選択したとき、縦、横、チャネルの方向に正規化**を行います。P.174のミニバッチはバッチサイズが4で、正規化を合計4回行います。レイヤー正規化は、バッチサイズが1つでも問題なく使えます。このため、連続的な情報を扱うRNNなどで使われています。

　インスタンス正規化は、**あるチャネルとあるバッチを選択したとき、縦と横の2方向に正規化**を行います。P.174のミニバッチはチャネル数とバッチサイズがともに4なので、正規化を合計16回行います。インスタンス正規化は、StyleGAN（P.149参照）などの画像のスタイル変換などで使われています。

　グループ正規化は、データをグループ分けし、**あるグループを選択し、選択したグループに対して正規化**を行います。P.174のミニバッチでは、バッチサイズ2、チャネル数2で、正規化を合計4回行います。グループ正規化はバッチ正規化より複数の条件で精度を向上させることが示されています。

まとめ

▷ **数百万以上のパラメータの値を求めるため、学習の工夫が必要**

▷ **疑似的に訓練データを増やすため、データオーギュメンテーションを行う**

▷ **データバイアスを抑えるため、特徴量の正規化を行う**

35 学習の工夫2

ディープラーニングでは、数百万以上のパラメータ（重み）の値を求めていることが多いため、学習に工夫が必要なことは前節で説明したとおりです。本節では、学習における最適化の手法と「ドロップアウト」について説明します。

● 学習の最適化

　教師あり学習のディープラーニングでは、訓練データを使って損失関数を最小にするパラメータ（重み）を求めることを説明しました。ここでは、そのようなパラメータを求める**最適化アルゴリズム**について解説します。

　パラメータの最適化として、古くから用いられている手法に「**最急降下法**」があります。最急降下法は、損失関数をパラメータで微分し、**損失関数を小さくする方向を逐次探して、その方向にパラメータを調整**させていく手法です。英語ではGradient Descentであり、「勾配降下法」とも呼ばれます。

　最急降下法によるディープラーニングの学習は、次の手順からなります。

　①ディープラーニングに訓練データをすべて入力して値を出力
　②出力と正解をもとに損失関数の値を算出
　③損失関数をパラメータで微分
　④微分して求めた値でパラメータを更新 →①に戻る

　最急降下法には、**最適解でない極小値に陥ったとき、抜け出せない**という欠点があります。極小値では微分の値が0になるので、それ以上よい解に更新できなくなります。たとえばP.177の上図では、損失関数が赤矢印の値をとるときのパラメータが最適解であるのに、青矢印の極小値に陥ると正解にたどり着けません。この最急降下法の極小値の問題を解決するのが、「**確率的勾配降下法（Stochastic Gradient Descent：SGD）**」です。SGDは、**ランダム性のある最急降下法**のことです。訓練データをシャッフルしたうえで、ランダムに取り出して損失関数の値を計算し、パラメータを更新していきます。SGDでは、毎回違う訓練データをランダムに使うので、1つ前のデータで極小値に陥って

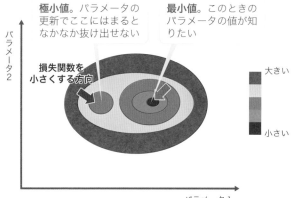

も、次にランダムに選んだ訓練データで損失が大きくなる（可能性が高い）ため、再びパラメータが大きく更新され、極小値から脱出しやすくなります。

　最急降下法やSGDでは、パラメータを順次更新して最小値を求めていましたが、学習をさらに高速にする技術が知られています。

　学習が遅くなる要因に「**pathological curvature**」があります。pathological curvatureとは、P.178の図のような鋭いくぼみをもつ形状のことです。パラメータを更新したとき、そのくぼみを飛び越えて行ったり来たりする（振動する）と、損失関数の値はなかなか最小値にたどり着けません。

■ 最急降下法とSGDの違い

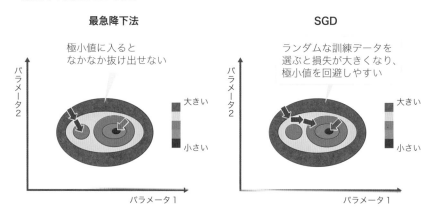

■ pathological curvature

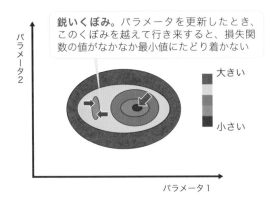

損失関数の値の振動を抑えるために、「**モーメンタム (momentum)**」と「**Root Mean Square Propagation：RMSProp**」が使われます。モーメンタムは、**損失関数の値の今までの動きを考慮**して振動を抑えようとします。前回の勾配v_{t-1}の寄与をβ（0〜1の値をとる定数）、今の勾配Gの寄与を$1-\beta$として、次式のように勾配の移動平均v_tを算出し、パラメータwの値をw_{t-1}からw_tに更新します。パラメータの更新式に含まれているαは、勾配の値をもとにパラメータをどれくらい変化させるかを決める値で、「**学習率**」と呼ばれます。

■ モーメンタムの式

$$v_t = \beta v_{t-1} + (1-\beta)G$$
$$w_t = w_{t-1} - \alpha v_t$$

RMSPropは、勾配の二乗平均平方根RMSに応じて学習率を調整します。まず勾配の移動平均v_tを次式のようにして更新し、今の勾配Gをv_tの平方根で割った値に応じて、パラメータwの値を更新します。この更新により、見た目の学習率を$1/\sqrt{v_t}$倍に低下させるため、損失関数の値の振動を抑えられます。

■ RMSPropの式

$$v_t = \beta v_{t-1} + (1-\beta)G^2$$
$$w_t = w_{t-1} - \frac{\alpha}{\sqrt{v_t + \varepsilon}}\,G$$

どのモデルにも広く使われ、デファクトスタンダードともいえる**最適化アルゴリズム**に「**Adam（Adaptive moment：適応的モーメント）**」があります。Adamは、移動平均で振動を抑えるモーメンタムと、学習率を調整して振動を抑えるRMSPropを組み合わせることで、パラメータwの値をw_{t-1}からw_tに更新します。パラメータの更新に対する、モーメンタム、RMSProp、Adamそれぞれの着眼点を記すと次のようになります。

■ 各最適化手法の着眼点

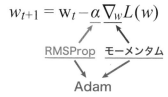

$$w_{t+1} = w_t - \alpha \nabla_w L(w)$$

過学習を低減させるドロップアウト

ドロップアウトは、学習の際、**特定のノードを不活性化**します。具体的には、特徴量の成分をランダムに抽出し、その成分をゼロで置き換えます。たとえば、特徴量の組が [0.2, 0.4, 1.3, 0.8, 1.1] のとき、ドロップアウトを適用すると、このベクトルは [0, 0.4, 1.3, 0, 1.1] のように**ランダムにゼロを含む**ようになります。これにより、一部の**局所的な特徴が過剰に評価されることを防ぎ**、モデルのロバストさを向上させることができます。ロバストとは、外れ値などのイレギュラーな入力があっても、高い精度を保つことです。このため、ドロップアウトは過学習を防ぐための正規化となっています。

まとめ

▶ **ディープラーニングのパラメータは、訓練データに対して損失関数の値を最小化するように求める**

▶ **パラメータ最適化のため、SGD や Adam などが考案されている**

▶ **過学習を低減させるため、ドロップアウトを用いる**

36 ディープラーニングの説明可能性

ディープラーニングでは、内部動作がブラックボックス（P.32参照）と捉えられることが多いものの、近年の研究の発展により、根拠を示す方法が登場してきています。本節では、その方法を3つのカテゴリに分けて説明します。

● ディープラーニングはブラックボックス？

　ディープラーニングは、人間がルールを決める手法に比べて精度が高いので、自動運転や医療診断支援など、多くの分野で実用化が期待されています。しかし、ディープラーニングには膨大なパラメータがあり、内部で多量の計算を行っており、**推論の根拠を示しづらい**という課題があります。たとえば、画像分類において、ある画像を「花」と推論した根拠を示すことは困難であり、内部動作の原理が明らかにされず、「ブラックボックス」として扱われていました。

　実用化においては、ディープラーニングの**推論の根拠を説明することが求められる場合**があります。たとえば、自動運転で事故が起これば、「事故発生時にディープラーニングによってどんな判断が行われたのか」を明らかにする必要があるでしょう。ほかにも、事故の原因究明や責任の所在、改良の必要性など、推論の根拠が求められる場面はさまざまあります。

　また医療分野においては、病気の患部を画像から見つける画像診断の需要が

■ ブラックボックスとしてのディープラーニング

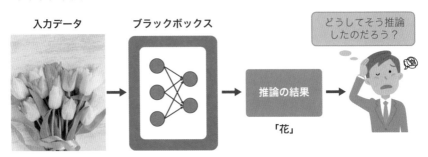

入力データ　　　ブラックボックス　　　　　　　どうしてそう推論したのだろう？

推論の結果

「花」

高まっています。この分野でも、「なぜその部位を患部と判断したのか」などを説明する必要があるでしょう。ディープラーニングにおいては、私的な感情を交えず、データに基づいて推論がなされていると考えられますが、人間の生死が左右される場面で「その理由はわからない」では済まされません。

このため、ディープラーニングの結果を解釈し、「どうしてこの推論が出力されたのか」を説明できる、**説明可能な AI（eXplainable AI：XAI）** の研究が注目されています。ちなみにXAIは、アメリカのDARPA（Defense Advanced Research Projects Agency：国防高等研究計画局）が主導する研究プロジェクトが発端で、社会的に広く使われるようになっています。

● 推論の根拠を説明する３つのカテゴリ

ニューラルネットワークにおける推論の根拠の説明には、「**視覚的に示す**」「**文章で示す**」「**数値的表現で示す**」の大きく３つのカテゴリがあります。

●視覚的に示す

視覚的に推論の根拠を示す方法には、**特徴量を可視化して図示する**方法と、**ヒートマップを画像に重ねて示す**方法があります。特徴量の可視化では、数千次元の特徴ベクトルを、たとえば２次元に射影し、分布がクラスごとに異なることを可視化します。P.55の図は、０〜９の手書きの数字に対して、特徴量ベクトルを抽出して射影した結果を、数字ごとに異なる色で示しています。異なる数字が離れているので、クラスごとに分類できていることがわかります。たとえば、「１」の特徴量は（−50，0）の近くに集まっています。特徴量を可視化するには「PCA」（P.55参照）、「t-SNE」（P.55参照）があり、**特徴量の分布が線形なら前者、非線形なら後者**が利用されます。

ヒートマップを画像に重ねて示す方法では、推論のために**ディープラーニングが注目した領域をヒートマップとして画像に重ねて**示します。たとえば、「チワワ」と推論された画像（P.182左図）について、AIがどの部分を見て推論したかを示す（P.182右図）ということです。画像の中央と左下に注目し、「チワワ」と推論したことがわかります。このような可視化には、「**CAM（Class Activation Mapping）**」などがよく利用されます。

CAMは、ニューラルネットワークの中間層の特徴量マッノを、寄与率（w_1,

■ 視覚的に推論の根拠を示したCAMの例

w_2, ……, w_n) に応じて特徴量n個にパラメータを付けて足し合わせたマップです。画像分類において、ある画像に対して90％の確率で「チワワ」に分類されたとき、「チワワ」という分類結果への最終層の寄与率と中間層の特徴量マップをもとに、下図のようにヒートマップをつくることができます。

■ CAMのアルゴリズム

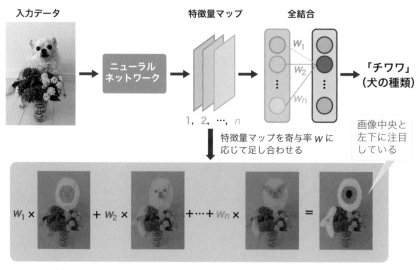

出典：Bolei Zhou, Aditya Khosla, Agata Lapedriza, Aude Oliva, Antonio Torralba, Computer Science and Artificial Intelligence Laboratory, MIT「Learning Deep Features for Discriminative Localization」(MIT CSAIL) の図2を参考に作成

● 文章で示す

　推論の根拠を文章で表現することも有効です。たとえば、文章生成の技術を用いて、画像分類の根拠を示す文章を生成できます。下図では、分類結果の根

拠となる情報を文章で出力しています。

■ 画像分類の根拠となる文章を出力した例

根拠となる文章
この画像はシマウマである。なぜなら、馬の形をしていて、白黒の縦縞があるから。

●数値的表現で示す

ディープラーニングを用いる理由の1つに、「区別したいクラス間の境界が複雑」なことがあります。そのような場合でも、局所的に見れば、クラス間の境界を直線に近い形で表現できます。これを利用し、「どのような特徴量が有効にはたらいたか」を出力する手法に「**Local Interpretable Model-agnostic Explainations：LIME**」があります。LIMEを使うと、**特定データの近傍で重要な特徴量**が出力されます。下図の分布において、赤クラスと青クラスを分類する境界線の形は複雑ですが、グラフ右上の四角で囲んだ局所的な領域に着目すると、境界線を右下がりの直線とみなすことができます。部分的に線形の関数に近似することで、予測の根拠が解釈しやすくなります。

■ 根拠を数値的表現で示した例

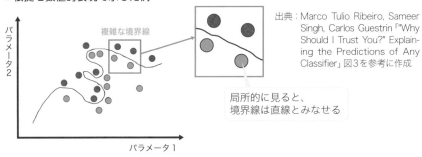

出典：Marco Tulio Ribeiro, Sameer Singh, Carlos Guestrin「"Why Should I Trust You?" Explaining the Predictions of Any Classifier」図3を参考に作成

局所的に見ると、境界線は直線とみなせる

まとめ

▶ ディープラーニングの根拠を示す**XAI**の研究が活発

▶ 根拠は、**視覚的、文章、数値的**のいずれかで示される

37 画像認識の評価指標

画像認識モデルの精度を数値で評価することがあります。画像分類、セグメンテーション、物体検出の各モデルの評価によく利用される、適合率や再現率、F1値などの指標について説明します。

● 画像分類の指標

　画像分類モデルは、推論の結果の**「適合率 (precision)」「再現率 (recall)」「F1値 (F1-score)」**で**評価**されます。ここでは陽性と陰性の二値分類で考えます。

　適合率は、**陽性と推論された数のうち、実際に陽性である数の割合**です。一方、再現率は、**実際の陽性の数のうち、陽性と推論された数の割合**です。

　ウイルスの感染者を知るために、22人の画像を撮影し、ウイルス感染の有無を分類するモデルを用いて推論したところ、陽性8人、陰性14人だったとします。8人は円のなかに、14人は円の外に分類されます（P.185の上図）。推論は間違える可能性があり、陽性の結果でも実際は感染していなかったり、陰性の結果でも感染していたりすることがあるので、精密検査が必要です。精密検査により、陽性8人のうち実際の感染者が5人（誤診が3人）であったとすると、円の左半分に5人、右半分に3人が分類されます。一方、陰性14人のうち実際の感染者が7人（誤診が7人）であったとすると、円の外のうち、左半分に7人、右半分に7人が分類されます。このとき、適合率は $5 \div 8 = 0.625$、再現率は $5 \div (7 + 5) \fallingdotseq 0.417$ となります。

　F1値は、適合率と再現率の**調和平均**（次の計算式）です。適合率と再現率はトレードオフの関係にあります。すべての画像を陽性と推論すれば、再現率は100％になりますが、適合率は低くなります。一方、自信のない画像を陰性と推論するモデルは、適合率が高くなりますが、再現率が低くなります。F1値は、**適合率と再現率が同等に重要なとき**や、**適合率と再現率のバランスを保ちたいとき**に有効です。上記の例のF1値は0.5です。

$$F1値 = \frac{2 \times 適合率 \times 再現率}{適合率 + 再現率}$$

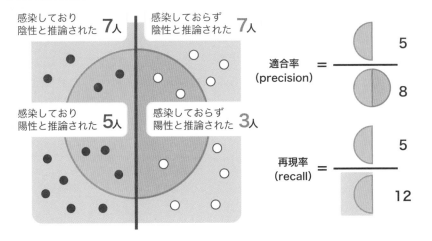

感染しており陰性と推論された **7**人　　感染しておらず陰性と推論された **7**人

感染しており陽性と推論された **5**人　　感染しておらず陽性と推論された **3**人

適合率（precision）＝ $\dfrac{5}{8}$

再現率（recall）＝ $\dfrac{5}{12}$

● 物体検出の指標

　物体検出モデルは、推論した物体のクラスとバウンディングボックス、その推論の確率を出力します。これらは「**Intersection over Union：IoU**」や「**Average Precision：AP**」などで評価されます。

　IoUは、**推論したバウンディングボックスが正解のバウンディングボックスと重なる割合**です。推論と正解の重なりが大きいほど、IoUの値は大きくなります。

■ IoUの計算方法

$$IoU = \frac{バウンディングボックスの重なっている部分の面積}{バウンディングボックスの面積の和}$$

バウンディングボックスの重なっている部分の面積

バウンディングボックスの面積の和

　APは、検出の確率の高い順に「適合率－再現率曲線」（P.186の右図）をつくったとき、その曲線と軸で囲まれる領域の面積です。ここで、ある検出に対して、それまでの検出のうち正解数の割合を**適合率**、画像中にあるすべての正解数のうちそれまでの正解数の割合を**再現率**と定義します。

猫が5匹写っている画像の10か所に、誤検出も含め、猫が検出されたとします。下図の左側では、猫が検出された領域を四角形で、検出確率を％で示しています。まず検出の確率が高い順に、検出された領域に#1〜#10の番号を付けます。たとえば、右上の検出は3番目に高い確率で検出されているので#3です。次に、#1から順に適合率と再現率を求めます。3番目までの検出のうち正解数が2、画像に写った猫の数が5なので、#3の適合率と再現率はそれぞれ2/3≒0.67、2/5＝0.40です。#10まで適合率と再現率を求め、「適合率−再現率曲線」（右側）をつくります。下図の左の画像で10か所に猫を検出した物体検出モデルのAPは、緑色で囲まれた領域の面積となります。

■ APの計算

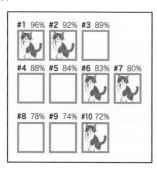 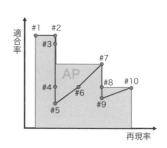

　また、「**mean Average Precision：mAP**」という指標も用いられます。mAPは、クラスごとのAPの平均値です。たとえば、犬と猫のクラスのmAPは、犬のAPと猫のAPの平均値です。

● セグメンテーションの指標

　セグメンテーションモデルは、その推論の結果の**F1値や「ハウスドルフ距離」を用いて評価**されます。セグメンテーションにおけるF1値の計算は、ピクセルごとに**真陽性と偽陽性、偽陰性と真陰性**（P.189参照）を評価することで行います。適合率は青のピクセル数÷（青のピクセル数＋黄色のピクセル数）、再現率は青のピクセル数÷（青のピクセル数＋赤のピクセル数）、F1値は先ほどと同様、適合率と再現率の調和平均です。

■ セグメンテーションにおける真陽性・偽陽性、偽陰性・真陰性の例

入力画像 推論結果 正解

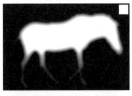 

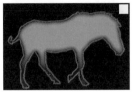

青：真陽性
黄：偽陽性
赤：偽陰性
黒：真陰性

セグメンテーションにおけるハウスドルフ距離は、「正解の輪郭」と「推論の結果の輪郭」の距離です。「正解の輪郭」のピクセルの集合をX、「推論の結果の輪郭」のピクセルの集合をYとすると、ハウスドルフ距離は集合Xに含まれる各ピクセルから集合Yまでの距離d_{XY}と、集合Yに含まれる各ピクセルから集合Xまでの距離d_{YX}のうち、大きい値として定義されます。

■ ハウスドルフ距離

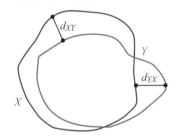

まとめ

▷ **画像分類モデルは適合率、再現率、F1値などで評価される**

▷ **セグメンテーションモデルはF1値やハウスドルフ距離などで評価される**

▷ **物体検出モデルはIoUやAPなどで評価される**

38 精度の評価指標と汎化性能

学習済みモデルは、予測精度を評価する必要がありますが、テーマに合わせて評価の指標は変わります。主な指標を押さえておきましょう。また、未知のデータに対する予測精度を高めるための「汎化性能」についても解説します。

● モデルの評価指標

　教師あり学習については、予測値と実測値を用いて予測精度を測定できますが、**良し悪しを決める視点**に合わせて指標を設計する必要があります。たとえば、極端な外れ値が少しあっても全体の精度が高ければよい場合と、全体の精度が低くても極端な外れ値を許容しない場合とでは、良し悪しの視点が異なります。代表的な指標を紹介しますので、テーマに合わせて選択しましょう。

●回帰問題の評価指標

　予測値と実測値の差をもとに計算しますが、その捉え方によって種類があります。なお、以下の数式は、yを実測値、$\hat{y}$を予測値としています。

・MSE（平均二乗誤差）

$$\frac{1}{n}\sum_{i=1}^{n}(y_i - \hat{y}_i)^2$$

予測値と実測値との差を二乗して平均した値。二乗しているので外れ値に敏感な指標。

・RMSE（平均二乗誤差の平方根）

$$\sqrt{\frac{1}{n}\sum_{i=1}^{n}(y_i - \hat{y}_i)^2}$$

MSEの平方根。元の値と単位が合っているので、解釈と説明がしやすい。平均的にRMSEの値だけ上下にズレていると解釈できる。

・MAE（平均絶対誤差）

$$\frac{1}{n}\sum_{i=1}^{n}|y_i - \hat{y}_i|$$

誤差の絶対値の平均。外れ値に鈍感。RMSEと同様、解釈がしやすく、平均的にMAEの値だけ上下にズレていると解釈できる。

・RMSPE（平均二乗パーセント誤差の平方根）

$$\sqrt{\frac{1}{n}\sum_{i=1}^{n}\left(\frac{\hat{y}_i - y_i}{y_i}\right)^2}$$

誤差の大きさをパーセントで表す値。平均的にRMSPEパーセントだけ上下にズレていると解釈できる。

●分類モデルの評価指標

　分類問題の精度指標は「**混同行列**」から計算できます。混同行列とは、予測値と実測値を集計した表のことで、第37節の「画像分類の指標」で解説した適合率と再現率（P.184参照）も混同行列から計算できます。なお、**分類のどちらをpositive（陽性）とするかは任意**です。

■ 混同行列の例

		予測	
		positive（陽性）	negative（陰性）
実測	positive（陽性）	true positive（真陽性） 予測も実測も陽性	false negative（偽陰性） 予測は陰性だが、実測は陽性
	negative（陰性）	false positive（偽陽性） 予測は陽性だが、実測は陰性	true negative（真偽性） 予測も実測も陰性

正解　不正解

縦の正解率が「適合率」

横の正解率が「再現率」

　特に「**不均衡データ**」と呼ばれる、分類したいクラスがどちらかに偏っているデータは注意が必要です。たとえば、異常検知を行いたい場合、大半が正常データのはずですが、このような不均衡データに対して全体の正解率だけで評価すると、不自然に評価が高くなる可能性があります。目的に合わせてよく検討し、評価指標を選択しましょう。

■ 異常検知を例にした不均衡データの正解率

		予測	
		異常	正常
実測	異常	0	5
	正常	0	995

青が正解、赤が不正解なので、1,000件の予測に対して、正解した割合は**99.5%**になってしまう

1件も「異常」と予測していない

189

● 汎化性能と交差検証

　教師あり学習の目的は、モデルを運用することで、訓練データだけではなく未知のデータも精度よく予測することです。このような観測できない未知のデータに対する精度を「**汎化性能**」といい、この汎化性能をどう評価し、精度を高めていくかが、教師あり学習を運用するうえでの重要なテーマとなります。

　ここでは、そのための注意点とアプローチについて解説します。

●モデルが複雑な場合の過学習

　汎化性能を評価するための基礎として、**過学習**（P.172参照）について解説します。過学習とは、学習に用いたデータに過剰に適合することで、未知のデータに対する予測精度が低下してしまう状況を指します。一般に**モデルが複雑であるほど過学習をしやすい**傾向があります。

■ モデルの複雑さと過学習

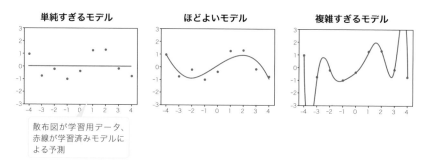

散布図が学習用データ、
赤線が学習済みモデルによる予測

　上図を比較すると、左側の「単純すぎるモデル」はあまりデータに適合できていません。一方、右側の「複雑すぎるモデル」は完全にデータの傾向を捉えていますが、**過剰に適合しており、汎化性能は期待できません**。汎化性能を評価しながら、モデルの複雑さを調整していけば、中央の「ほどよいモデル」が獲得できるわけです。それではこの場合、どのように汎化性能を評価すればよいのでしょうか。その手法の1つが「**交差検証法**」です。

●学習用と評価用にデータを分割

　学習に用いたデータで予測精度を評価しても、未知のデータに対する精度は評価できません。そこで、学習前に学習用データと評価用データに分けておき、評価用データを未知のデータと見立て、**学習用データと評価用データを交互に**

■ K-fold 法のイメージ

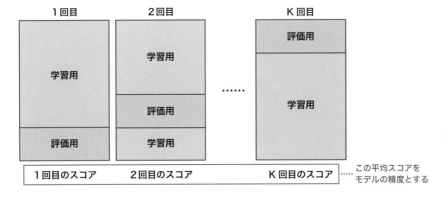

入れ替えながら評価する手法が交差検証法です。なかでも、学習用データと評価用データとの組合せを何パターンも実験して評価する「**K-fold 法**」がよく用いられています。

　K-fold 法とは、データをK個（分析者が任意で決めた個数）に分割し、学習用データと訓練用データのペアを入れ替えながら、何度も交差検証を繰り返す手法です。

　モデルの評価は、**得られた複数のスコアの平均**で算出します。この手法は学習と評価を何度も繰り返すので、計算コストが大きくなることが弱点ですが、何度も実験している分、より高い精度で汎化性能を測定できます。

まとめ

▷ モデルの評価指標は目的に合わせて選択する

▷ 不均衡データの場合は、全体の正解率だけで評価しないようにする

▷ 過学習にならないように、交差検証法で汎化性能を評価する

Transformer と画像認識

第22節で述べたように、Transformerは画像分類やセグメンテーションに応用されます。前者の例としてVision Transformer (ViT)、後者の例としてSegFormerを紹介します。

ViTでは、画像をパッチに分割し、パッチを順番に一列に並べることにより、画像を文章のように扱って分類できることが示されました。たとえば、48×48サイズの犬の画像の分類を考えましょう。まず、画像を9個の16×16サイズのパッチに分割し、それぞれをベクトル化します。そして、各パッチの位置を、位置エンコーディングのベクトルとして表します。これら2種類のベクトルがViTのエンコーダへの入力になります。エンコーダはこれらを用いて犬の画像の特徴を抽出します。画像の特徴は、詳細は省きますが、多層パーセプトロン（MultiLayer Perceptron：MLP）という単純な処理を通して、「犬である確率が最大90%」などと出力します。驚くべきことに、ViTを用いた画像処理に畳み込み処理は使われていません。

SegFormerでは、Transformer風のエンコーダとシンプルなデコーダを使い、画像のセグメンテーションが行えることが示されました。先ほどの画像では、144個の4×4サイズのパッチに分割してベクトル化し、Transformer風のエンコーダに入力することで、画像の特徴を抽出します。エンコーダのアテンションには畳み込み処理が使われています。一方、デコーダは、セグメンテーションの解像度を上げるアップサンプリングと、MLPのみというシンプルな構成です。なお、位置エンコーディングは使われていません。

■ViTの構造

■SegFormerの構造

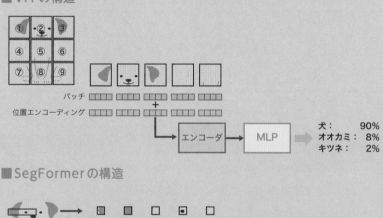

6章

▼

テーブルデータの
機械学習アルゴリズム

AI開発に必要とされる機械学習においては、数値を用いて計算を行っています。そのため、さまざまなデータを数値化し、表形式などのテーブルデータに整理して学習することが求められます。ここではテーブルデータの前処理と、機械学習に用いられる代表的なアルゴリズムやモデルなどを「教師あり学習」「教師なし学習」に分けて紹介します。

39 テーブルデータの前処理

機械学習はすべて、数値を用いて計算を行っています。そのため、文字列などの数値以外のデータや、データの欠損などがあると計算ができません。本節では、このような値に対して、一般的によく用いられる数値化の手法を解説します。

● カテゴリカルな値の前処理

　たとえば、不動産価格を予測するアルゴリズムを考える際、東西南北のような方角を表す値が含まれていることがあります。このような、**大小関係がなく、カテゴリを表す値は数値に変換**しなければなりません。数値に変換する際には、「**ダミー変数化**」と「**ラベルエンコーディング**」という手法がよく用いられます。

●ダミー変数化

　カテゴリカルな値を0か1の値に変換する手法です。東西南北の場合は、新しく「東」「西」「南」「北」の4列をつくります。そして、それぞれの列に対応する値がある場合は1、そうでない場合は0を代入します。

●ラベルエンコーディング

　カテゴリカルな値に対して任意の整数値を割り当てる手法です。方角でたとえると、東なら0、西なら1、南なら2、北なら3などを割り当てます。

■ダミー変数化とラベルエンコーディングの例

方角		東	西	南	北		方角		方角
東		1	0	0	0		東		0
西		0	1	0	0		西		1
北		0	0	0	1		北		3
東		1	0	0	0		東		0
⋮		⋮	⋮	⋮	⋮		⋮		⋮
南		0	0	1	0		南		2

ダミー変数化　　　　　　　　　　　　　ラベルエンコーディング

● 欠損値の前処理

　テーブルデータでは、アンケートの未記入などにより、データが欠損することがあります。対処法は主に2つあり、欠損値を含むデータを使わないこと、何らかの値で欠損値を補完することです。ここでは2つの補完法を紹介します。

●単一代入法

　平均値や中央値、最頻値などの値を代入する方法です。たとえば、年齢の項目に欠損があり、平均値で補完する場合は、欠損していない年齢の平均値を用います。欠損していない値から欠損値を予測する方法も考案されています。

●多重代入法

　複数パターンの単一代入法で**欠損値を補完したデータを、パターン別にアルゴリズムに学習させ、統合する**方法です。最も単純な多重代入法は、乱数を用いて複数パターンの単一代入法を行い、統合する方法です。

■ 多重代入法のイメージ

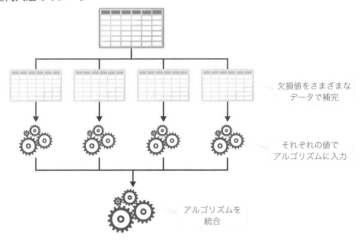

欠損値をさまざまな
データで補完

それぞれの値で
アルゴリズムに入力

アルゴリズムを
統合

まとめ

▶ **ダミー変数化やラベルエンコーディング**などによって**数値化**

▶ **デーブルデータの欠損値は補完する**

40 教師あり学習１：線形回帰モデル

「線形回帰モデル」とは、統計で古くから用いられている最も基本的な手法であり、現在でもさまざまな問題に対して使われています。また、多くの理論の基礎にもなっているので、まずはこの手法から学びましょう。

◉ データを一次関数で表現する線形回帰モデル

　不動産の売却価格を、部屋の広さで推定するとします。データを集め、散布図で可視化した結果は、下図のとおりです。

　部屋が広ければ広いほど価格が高くなる傾向がありそうです。このデータの関係を１本の直線で表現すると、$y = \alpha + \beta x$という一次関数で表せます。これが「**線形回帰モデル**」です。今回の事例は次式のように表現できます。

　　価格＝切片＋傾き×部屋の広さ

　データによく当てはまる「**切片**」と「**傾き**」を求められれば、部屋の広さだけで価格を推定できます。この傾きを「**回帰係数**（もしくは偏回帰係数）」といいます。

■データと散布図

価格（万円）	広さ（m²）
3,000	30.0
5,500	51.2
⋮	⋮
2,500	28.2

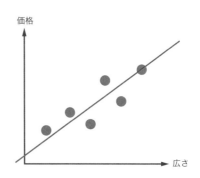

多変量の場合の線形回帰モデル

不動産価格を推定する場合、部屋の広さ以外に、築年数、駅からの距離など、そのほかの情報も関係がありそうです。**特徴量**の種類を増やした場合は、次のような式になります。

$$y = \alpha + \beta_1 x_1 + \beta_2 x_2 + \cdots + \beta_n x_n$$

不動産の例に当てはめると、次のように表現できます。

　価格＝切片＋傾き１×部屋の広さ＋傾き２×築年数……

特徴量が増えると散布図の次元が変わります。特徴量が１つの場合は２次元空間ですが、２つになると３次元空間にデータが散布していることになります。

■ 特徴量の数とデータの次元

特徴量が１つの場合

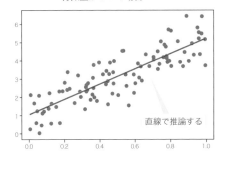

直線で推論する

特徴量が２つの場合

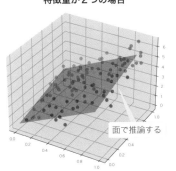

面で推論する

線形回帰モデルのメリットと用途

線形回帰モデルは、**モデル自体を解釈しやすい**というメリットがあります。先ほどの式から切片と回帰係数を読み取ってみましょう。

　価格＝切片＋回帰係数×部屋の広さ（m²）

部屋の広さにかかっている回帰係数は、１m²あたりの単価を表しています。

切片は部屋の広さ以外の価値と解釈できます。このように、切片や回帰係数を読み取ることで、データの傾向を理解できます。

　線形回帰モデルは、**要因を分析**したい場合などに使うことができます。たとえば、所有している不動産は「リフォームしてから売却したほうが得か」を知りたいとします。「リフォーム済みかどうか」の特徴量を使い、その特徴量にかかっている回帰係数を読み解くことで、リフォームによる価格上昇効果を推定できます。このように回帰係数を読み取ることで、要因分析を行うことができます。

◉ 線形回帰モデルの注意点

　線形回帰モデルを正しく使うためには、次に紹介する注意点を踏まえる必要があります。予測が外れたり、回帰係数を間違って読み取ったりすることがないように、分析の際に確認しましょう。

●線形性

　線形回帰モデルは**データに対して直線的な傾向を推定するアルゴリズム**なので、複雑な関係を表現できません。たとえば、気温で電気料金を予測する場合、暑すぎたり寒すぎたりするとエアコンの使用により電気料金が高くなることが予測されますが、線形回帰モデルではうまく傾向を捉えることができません。

■ 電気料金を予測する線形回帰モデルの例

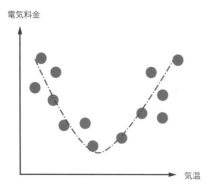
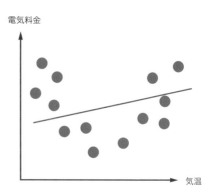

●外れ値

　線形回帰モデルは、**外れ値の影響を受けやすい**性質があります。下図では、外れ値が含まれているほうはうまく傾向を捉えていません。外れ値を除去するのが最も単純な対処法ですが、発生する要因を考慮しながら扱いを検討しましょう。

■ 外れ値が線形回帰モデルに影響を与える例

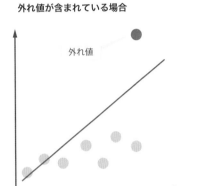

外れ値が含まれている場合

外れ値

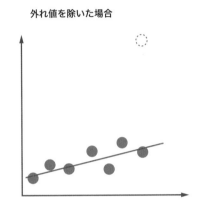

外れ値を除いた場合

●多重共線性

　これは複数の特徴量を用いたときに発生し得る現象です。具体的には**特徴量の間に相関がある場合、回帰直線が正しく推定できない**現象を指します。

　分析結果を現実に照らし合わせて違和感があった場合には、多重共線性の可能性があります。変数間の相関係数を確認して相関が強い（相関係数の絶対値が大きい）場合は、どちらか一方を使わないようにしましょう。

まとめ

▷ 線形回帰モデルはシンプルな関数で表現でき、モデル自体を解釈しやすい

▷ 目的変数と特徴量に複雑な関係があるとうまく捉えられない

▷ 回帰係数を読み取って要因を分析する場合などに活用できる

41 教師あり学習2：決定木

「決定木」は、線形回帰モデルと並んで重要な、基礎となるアルゴリズムです。データの傾向を捉えるのに都合がよく、現在でもよく用いられています。ほかにも、精度の高い手法のベースとしても用いられる重要な理論です。

● 「もし〜なら」をデータから見つける

　たとえば、有料動画サイトの解約の要因を分析しているとしましょう。そこで、「閲覧動画の種類が多いユーザーのほうが継続して利用してくれるはず」という意見と、「種類は少なくてもドラマのような長いシリーズを視聴していると解約しにくいはず」という意見の2つに割れてしまいました。そこで、どちらの要因が重要かを、データをとって検証してみることにしました。

　利用するデータは、視聴した**動画の種類数**と**動画の平均シリーズ数**を、ユーザーごとに集計した結果です。このデータから、「継続」と「解約」ができるだけきれいに分かれるように、**垂直か水平に線を引いて部屋を分割**してみましょう。分割した部屋をさらに垂直か水平に線を引いて分割し、これを何度か繰り返すのが**「決定木」**です。

■ 動画の種類数と平均シリーズ数による契約の継続性

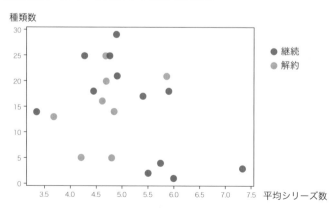

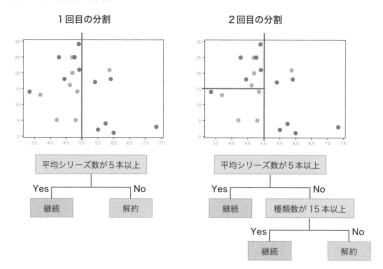

1回目の分割　　　　　　2回目の分割

今回の分割が「どんなルールに基づいて行われているか」を確認してみましょう。散布図の分割を樹形図で表したものが直下の図です。

最初の分割ルールは「平均シリーズ数が5本以上か否か」であり、これがNoの場合は「動画の種類数が15本以上か否か」という条件で分岐させています。この条件分岐は、図のように樹形図で表せるので、決定木と呼ばれます。

それでは今回のケースの結論ですが、**最初に分割されたのが「平均シリーズ数」**なので、こちらのほうが重要ということになります。

今回の事例では、サービスの継続と解約を「平均シリーズ数」と「動画の種類数」の2種類だけで分析したので、決定木を用いなくても散布図を見れば、おおよその傾向を捉えることができます。

しかし実際には、もっと多くの要因を検討するはずです。たとえば、ユーザーの年齢や性別、居住地などの属性情報、これまでのWebサイト内の閲覧情報などです。それら複数の要因間の関係を分析する際、散布図では簡単に可視化できません。決定木は出力が分割ルールなので、**複数の要因を検討する場合でも人間にわかりやすい形式で解釈できます**。

後述するように、決定木は予測精度の高いアルゴリズムとはいえませんが、使い方次第で業務に役立てることができます。

6

テーブルデータの機械学習アルゴリズム

◉ 部屋を分割するための指標

決定木の基本的なアルゴリズムについて解説しましたが、木を分割する際に**基準となる指標**についても紹介しておきます。

●分類問題の指標

分割するための指標は複数あり、どれを選ぶかは自由ですが、指標によって若干の違いがあります。機械学習のアルゴリズムを実装する際によく用いられるライブラリでは、**デフォルトで「ジニ不純度」**が使われています。次のように計算を行い、ジニ不純度が最も小さくなる分割ポイントを探索します。なお、ジニ不純度の代わりに「エントロピー」や「誤分類率」が用いられる場合がありますが、考え方は同じです。

■ ジニ不純度の計算方法

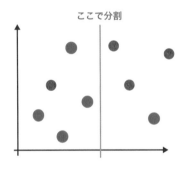

ここで分割

左の部屋のジニ不純度
$$= 1 - \{(1/5)^2 + (4/5)^2\}$$

右の部屋のジニ不純度
$$= 1 - \{(3/4)^2 + (1/4)^2\}$$
※それぞれの分母5と4は各部屋のデータ件数

全体のジニ不純度
$$= 左の部屋のジニ不純度 \times 5/9$$
$$+ 右の部屋のジニ不純度 \times 4/9$$
※各部屋のデータ件数で重み付けをして足す

●回帰問題の指標

ここでは「継続」「解約」といった分類問題の事例を扱いましたが、「売上」などの**連続値を使う回帰問題**でも同じように決定木を用いることができます。回帰問題の場合は、**部屋の中の「分散」**を指標としています。「分散が小さい」ということは「それだけ近しい値が集まっている」ということになります。そのため、各部屋の分散がなるべく小さくなるように部屋割りを行います。

なお、特に回帰問題での決定木を「回帰木」、分類問題での決定木を「分類木」と呼んで区別する場合もあります。

● 決定木の用途と注意点

　決定木は、**データの傾向を捉えて要因の仮説を立てる**ときに用いられることが多いアルゴリズムです。閾値も明らかにできるので、たとえば「平均シリーズ数が5本以上になる施策を考えよう」といった目標設定もしやすくなります。

●適切な深さを検証する必要性

　決定木で高精度の予測を行うとき、木を深くすればするほど、手元のデータに精度よく適合しているように見えます。ただし、木を深くしすぎると、過学習が起こり、今後入手できる新しいデータに対して高精度の予測ができません（P.190参照）。しかし、アルゴリズムに制約をかけないと限界まで深くしてしまうので、人間が制約をかける必要があります。このような人間が事前に設定する条件を「**ハイパーパラメータ**」といい、交差検証などで精度が高くなる条件を探索します。決定木では「最大の木の深さ」が探索条件となります。

■決定木の深さとデータへの適合度合い

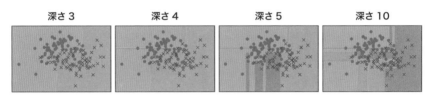

●決定木の予測精度

　交差検証により、ある程度は木の深さを調整できますが、そもそも**決定木はアルゴリズムがシンプルであるため、複雑な傾向を捉えられません**。複雑な傾向のあるデータに対して、高精度な予測が必要な場合は、別のアルゴリズムを用いるのが現実的でしょう。

　　まとめ

　▸ 決定木は条件を分岐させながらデータを分析する

　▸ データの傾向を捉えて要因の仮説を立てられる

　▸ 決定木の予測精度はあまり高くない

42 教師あり学習３： ランダムフォレスト

「ランダムフォレスト」は、決定木（P.200参照）を発展させたアルゴリズムです。複数の小さな決定木をつくり、それらを組み合わせて予測します。複数の決定木によって多数決を行うことで、精度を高めています。

● 決定木の弱点を補うランダムフォレスト

　決定木自体はあまり精度が高くありません。たとえば、下図のようなデータでは、木を深くすれば手元のデータに適合しますが、**汎化性能（P.190参照）が落ちます**。一方、浅くすれば複雑な傾向を捉えられず、やはり精度が低下します。交差検証でちょうどよい深さを探索できたとしても、データの傾向をよく捉えているとはいいにくい結果となります。

　それでは、「分割ルールの異なる木を組み合わせる」ことができたら、どうなるでしょうか。それぞれの木の精度がそこそこであれば、それらを重ね合わせることで、うまく傾向を捉えられそうです。「**ランダムフォレスト**」とは、「分割ルールの異なる」「そこそこの精度の木」をたくさん生成し、**多数決をとって精度を高める**ことをコンセプトにつくられたアルゴリズムです。このように複数のモデルを生成し、統合するアルゴリズムを「**アンサンブル**」といいます。

■ 決定木の精度が低下する例

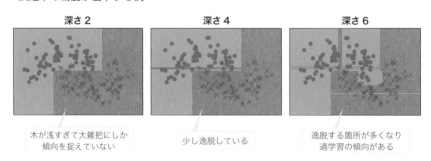

深さ２　　　　　　深さ４　　　　　　深さ６

木が浅すぎて大雑把にしか
傾向を捉えていない

少し逸脱している

逸脱する箇所が多くなり
過学習の傾向がある

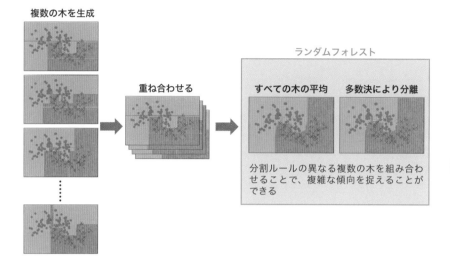

◉ 分割ルールの異なる木を生成する方法

　それでは、「分割ルールの異なる」「そこそこの精度の木」をどのようにたくさん生成するのでしょうか。「そこそこの精度の木」については、木を浅くすればよさそうです。しかし、「分割ルールの異なる」木はどうやって生成すればよいのでしょうか。

　決定木は、選択した指標に基づき、**分割ルールを自動で決定するアルゴリズム**なので、木の深さ以外に分割ルールの変更はできません。多様性のある木をつくるためには、**それぞれの木が別々のデータを使っている状態**をつくる必要があります。

●ブートストラップサンプリング

　ランダムフォレストでは、それぞれの木が別々のデータを使っている状態を実現するために、それぞれの木が用いるデータを、全件ではなくランダムにサンプリングして木をつくっています。さらに、データをサンプリングする際に**重複を許してデータを取得**しています。このようなサンプリング方法を「**ブートストラップサンプリング**」といいます。

●特徴量のサンプリング

　ランダムフォレストは、ブートストラップサンプリングに加えて、**特徴量の**
サンプリングも行っています。つまり、すべての特徴量を使うのではなく、ラ
ンダムに決められた割合で特徴量を選択して分割ルールを構築しているので
す。この方法により、それぞれの木が用いる特徴量も異なるので、さらに多様
性が高まるようになっています。

■ ランダムフォレストのサンプリングの例

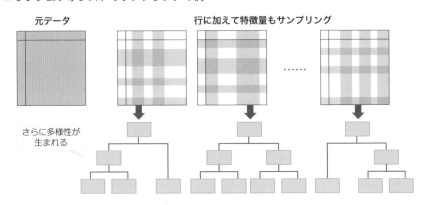

●予測精度の高さ

ランダムフォレストの用途と注意点

●予測精度の高さ

　ランダムフォレストは、比較的複雑な傾向を捉えやすいアルゴリズムなので、
予測精度の高さが求められるさまざまなタスクで用いることができます。

●並列計算による高速化

　ランダムフォレストは、それぞれの木の学習と予測を独立して行うことがで
きるので、大規模なデータを用いても並列計算による高速化が期待できます。

●特徴量の重要度

　予測精度の向上に対して、「**どの特徴量がどのくらい貢献したか**」を、学習済
みのランダムフォレストから**特徴量の重要度**として取得する方法があります。
この重要度を使うと、たとえば役に立っていない特徴量を削減し、精度を維持
しつつ、計算コストを下げるといったことが可能です。なお、特徴量の重要度

は、英語の文献で「**feature importance**」と表現されることもあります。

　重要度の算出方法は、そのパッケージソフトやライブラリによって異なりますが、主な指標は次の3種類です。

■ 重要度の算出の主な指標

gini importance	その特徴量がどのくらい目的関数（きれいさを測る指標）を減少させたかを表す。ランダムフォレスト以外でも、決定木を用いたすべてのアルゴリズムで利用できる。別名をGainという。
split importance	その特徴量が分割対象になった回数を表す。ランダムフォレスト以外でも、決定木を用いたすべてのアルゴリズムで利用できる。
permutation importance	その特徴量が存在しなかった場合、どのくらい精度が下がるかを表す。その特徴量の中身をランダムにシャッフルし、学習済みのアルゴリズムで予測を行った際、どのくらい精度が下がるかを計測する。教師あり学習のアルゴリズム全般で広く利用できる。

●ランダムフォレストの注意点

　ランダムフォレストは、**ハイパーパラメータ**（P.203参照）のチューニングが必須です。特に、次のパラメータの影響が大きいので、交差検証などでチューニングを行いましょう。

■ 主要なハイパーパラメータ

最大の木の深さ	生成する木に対して、設定した値より深くならないようにするパラメータ。
木の数	生成する木の数を決めるパラメータ。多すぎると全体の平均に近くなるので、ほどよい数を探索する必要がある。
サンプリングする特徴量の割合	1本1本の木が用いる特徴量の割合が高ければ、1本ごとの精度は上がるが、予測が似通ってしまう。似通うと全体の精度が低下するので、ちょうどよい割合を探索する必要がある。

まとめ

▷ **ランダムフォレストは、複数の決定木で多数決を行う手法**

▷ **比較的精度が高く、さまざまなタスクで用いることが可能**

▷ **並列計算による高速化ができ、特徴量の重要度を測定できる**

43 教師あり学習4：XGBoost

「XGBoost」は教師あり学習の一種で、ランダムフォレスト（P.204参照）のように複数の決定木を組み合わせて予測するアルゴリズムです。高い精度で予測でき、予測精度を競うコンペティションでも多用されています。

● 前の学習結果を次の学習に用いるブースティング

　「XGBoost」も、ランダムフォレストと同様、**たくさんの決定木をつくり、組み合わせる**ことで精度を高めようとするアルゴリズムです。ただし、そのアプローチ方法は異なります。

　まず、最初の決定木で訓練データから学習して予測し、さらにこの**予測値と正解の差を予測する**ように次の決定木で学習します。2つの予測結果を足すと、最初の決定木より精度が高くなります。これを3つ、4つと繰り返していき、すべての予測値を足した値をこのモデル全体の予測値とします。このように、前の学習結果を次の学習に用いながら複数のモデルを生成し、統合するアルゴリズムを「**ブースティング**」といいます。これもアンサンブルの一種です。

■ ブースティングのアルゴリズムの全体像

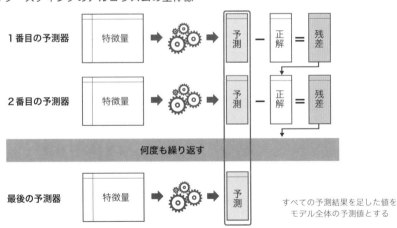

すべての予測結果を足した値をモデル全体の予測値とする

● 過学習を防ぐ正則化項の機能

　機械学習は基本的に「**目的関数**」という指標を指針にして学習しています。たとえば、決定木であれば、「ジニ不純度」などの「きれいさの指標」が該当し、この指標が最も小さくなるようにアルゴリズムが部屋割りを行っています。

　XGBoostの場合は「元の目的関数＋ペナルティ項」が最小になるように学習します。このようなペナルティ項を一般に「**正則化項**」といい、XGBoostには2つの正則化項が用いられています。

●木のサイズへの正則化項

　1つめは、木のサイズに対する正則化項です。アルゴリズムはこの正則化項と元の目的関数を足して、一番小さくなるサイズを探すので、ちょうどよいサイズになります。

■ 木のサイズに対する正則化項の機能

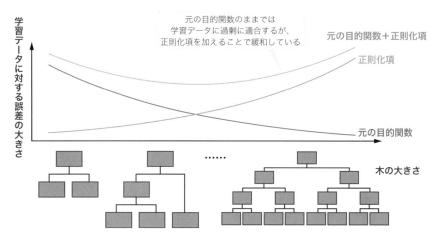

●各木の予測値に対する正則化項

　2つめは、それぞれの木の予測値に対する正則化項です。予測値の二乗が正則化項となっています。この正則化項は予測値の絶対値を小さくする機能があるので、それぞれの木が少しずつデータに適合するようになります。

■ 予測値に対する正則化項の機能

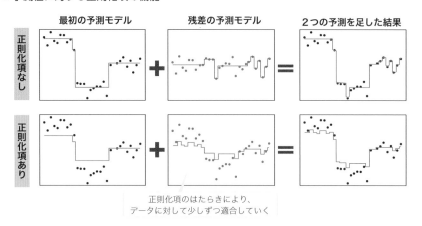

正則化項のはたらきにより、
データに対して少しずつ適合していく

● XGBoostの用途と注意点

●高い予測精度

XGBoostは**高い予測精度が期待できる**ことから、テーブルデータの教師あり学習で最も広く活用されているアルゴリズムです。精度を重視する場合は、最初にXGBoostを選択するとよいでしょう。

●特徴量の重要度

XGBoostは、ランダムフォレストと同様、**特徴量の重要度を算出**できます。使用できる指標もランダムフォレストと同じ3種類です（P.207参照）。

●ハイパーパラメータのチューニング

XGBoostはおおむね、P.211の表のハイパーパラメータが予測精度に影響するので、交差検証などでチューニングを行いましょう。

●学習コスト

XGBoostは、ランダムフォレストと異なり、**並列計算による高速化ができません**。したがって、ほかのアルゴリズムと比較して、学習の際には時間と計算のリソースが必要になります。ハイパーパラメータにより計算コストを多少減らせますが、基本的な性質として、学習のやり直しが頻繁に発生する場合や、巨大なデータを扱う場合にはあまり適しません。

木の数	アンサンブル（P.204参照）に用いる木の数を決めるパラメータ。「num of boosting rounds」などとも表現される。
特徴量の数	ランダムフォレストと同様、特徴量のサンプリングを行っているので、どれくらい間引くかを指定できる。
木のサイズに対する正則化項	この値が大きいと、それぞれの木がより小さくなる。γ（ガンマ）とも表記される。
予測値にかかる正則化項	この値が大きいと、それぞれの木の残差の更新が小さくなる。λ（ラムダ）や学習率（learning rate）とも表記される。
early stopping	事前に決めた木の数を学習せずに、これ以上、精度が上がらない場合、学習を自動で停止すること。このパラメータでは、最低限必要な木の数を指定できる。

XGBoostは2014年頃に登場し、教師あり学習のコンペティション（Kaggleなど）で高い精度を出したことで有名になりました。現在はさらに、「LightGBM」や「CatBoost」などの改良版もよく用いられています。

XGBoostも含めたこれらの手法を「**勾配ブースティングツリー**（Gradient Boosting Decision Tree：GBDT）」といいます。特にLightGBMには、XGBoostと比較して**計算速度に改善**が見られ、さらに「Optuna」というライブラリによりハイパーパラメータのチューニングが容易になったことで、「**初手LightGBM**」といわれるほど広く活用されています。Optunaとは、Preferred Networks社が開発したハイパーパラメータの探索に用いるフレームワークのことで、教師あり学習でよく用いられます。予測プロジェクトでは「初手LightGBM」を試してみてください。

まとめ

▷ **XGBoostは精度が高く、教師あり学習で最初に検討する**

▷ **ハイパーパラメータは必ずチューニングする**

▷ **並列計算はできず、時間と計算のリソースが必要になる**

教師あり学習5：ロジスティック回帰モデル

「ロジスティック回帰モデル」は、線形回帰モデル（P.196参照）を分類問題に用いられるように改良したアルゴリズムです。線形回帰モデルと同様、学習結果からデータの傾向を捉えやすいことから、要因分析などに用いられます。

● 線形回帰モデルを分類問題に対応できるように改良

　「ロジスティック回帰モデル」は、**線形回帰モデルを分類問題に対応できるように改良したアルゴリズム**です。たとえば、1日の摂取カロリーと1か月の運動時間を特徴量として、生活習慣病にかかる確率を予測するモデルをつくるとします。使用するデータは下表のようなものです。目的変数としては、罹患した場合に1、そうでない場合に0となります。

　データを散布図で表したものがP.213の上図です。縦軸は目的変数で、値は0か1となります。特徴量には**摂取カロリー**と**運動時間**がありますが、この図の横軸には摂取カロリーのみを用いています。

■ 生活習慣病を予測するロジスティック回帰モデル

データ

摂取カロリー	運動時間（h）	罹患
2,735	16	0
3,216	12	1
⋮	⋮	⋮
2,244	20	0

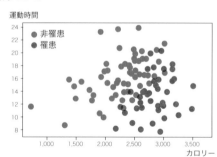

■ 生活習慣病を予測する散布図

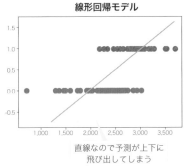

線形回帰モデル

直線なので予測が上下に
飛び出してしまう

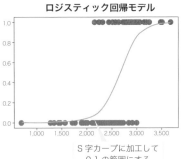

ロジスティック回帰モデル

S字カーブに加工して
0-1の範囲にする

　ここで、もし線形回帰モデルを当てはめると、予測値は1より大きい値や0より小さい値をとることになります。しかし今回、必要な予測値は「確率」なので、0～1の範囲に収めなければなりません。そこで、**シグモイド関数（P.162参照）を用いて線形回帰モデルを加工**すると、モデル表現が直線からS字カーブに変わり、0～1に収まるようになります。この、シグモイド関数を用いて加工した線形回帰モデルをロジスティック回帰モデルといいます。

　今回は1か月の運動時間も特徴量に用いたいので、**2変数の場合にどんなモデル表現になるか**を確認してみましょう。滑り台のような表現になっていることがわかると思います。3変数以上では可視化ができませんが、基本的な考え方は同じです。

■ 2変数のロジスティック回帰モデル

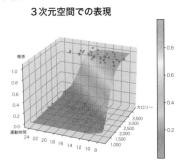

３次元空間での表現

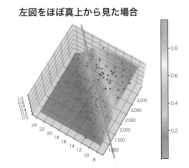

左図をほぼ真上から見た場合

0.5を閾値とする
場合の分離平面

● ロジスティック回帰モデルの用途

ロジスティック回帰モデルは、線形回帰モデルと同様、**比較的解釈しやすいモデル**です。先の例でいえば、1日の摂取カロリーに対する回帰係数（P.196参照）が正の値であれば、摂取カロリーが多ければ多いほど生活習慣病の罹患率が上がることになります。逆に、1か月の運動時間に対する回帰係数が負の値であれば、運動時間が長ければ長いほど生活習慣病の罹患率が下がると解釈できます。

■ 生活習慣病に対するロジスティック回帰モデルの解釈

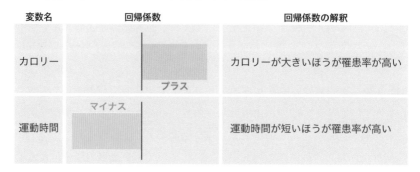

変数名	回帰係数	回帰係数の解釈
カロリー	プラス	カロリーが大きいほうが罹患率が高い
運動時間	マイナス	運動時間が短いほうが罹患率が高い

このように、線形回帰モデルと同様、回帰係数を読み取ってデータの傾向を解釈できますが、ロジスティック回帰モデルの場合は、**少しだけ読み取り方が異なる点**があります。

線形回帰モデルでは、xが1増えるとyが回帰係数分だけ増えると解釈しました。一方、ロジスティック回帰モデルでは、xが1増えても**回帰係数分だけ確率が上がると解釈できない**ので注意しましょう。

回帰係数を解釈する際は「**オッズ比**」という指標を用います。この値はexp（回帰係数）によって算出します。たとえば、オッズ比が次の値だったとします。

・カロリーのオッズ比：1.2
・運動時間のオッズ比：0.8

この場合、「カロリーが1単位増えると罹患率が1.2倍になる」「運動時間が1単位増えると罹患率が0.8倍になる（つまり罹患率が減る）」と解釈します。このように、回帰係数を読み取る場合には、オッズ比を用いましょう。

◉ ロジスティック回帰モデルの注意点

ロジスティック回帰モデルは、予測モデルにもデータ解釈にも便利に使えますが、データによってはうまく傾向を捉えることができません。ロジスティック回帰モデルでは、データを1本の直線で分離しようとします。そのため、たとえば**2本の直線が必要**な場合や、**曲線でないと分離できないようなデータ**の場合は、うまく傾向を捉えることができません。

このような傾向のデータを扱う場合は、データを加工して直線でも捉えられるようにするか、別のアルゴリズムを選択するなどして対処しましょう。

■ ロジスティック回帰モデルで捉えられない2本直線やドーナツ

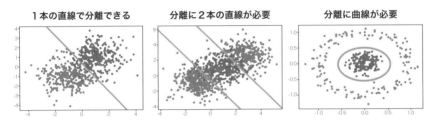

✎ **まとめ**

▷ 線形回帰モデルをS字にしたロジスティック回帰モデル

▷ 学習結果を解釈しやすいが、線形モデルとは解釈が異なる

▷ 1本の線形な関係が想定されており、2本の直線や曲線は対応できない

45 教師あり学習６：ニューラルネットワーク

ニューラルネットワークは人間の脳の神経回路を模して開発されたアルゴリズムです。実はディープラーニングは、ニューラルネットワークを発展させた手法であり、テーブルデータの予測モデルとして用いることができます。

◉ 複数のモデルを重ね合わせたアルゴリズム

　ニューラルネットワークは**回帰問題でも分類問題でも用いることができる教師あり学習のモデル**です。複数の単純なモデルを重ね合わせることで、複雑な傾向を捉えられるようになっています。

　下図のデータを、まずロジスティック回帰モデル（P.212参照）のような単純なアルゴリズムで学習したとします。そうすると、１本の直線だけで分離しようとしてデータの傾向をうまく捉えられません。しかし、２本の直線を重ね合わせることができれば、分類精度を向上させられそうです。

■ ロジスティック回帰モデルで捉えられないデータ

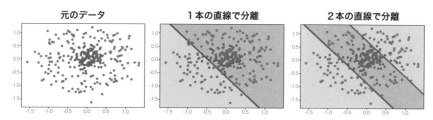

　それでは、どうやって２つの学習結果を重ね合わせればよいのでしょうか。今回の事例では、２つのロジスティック回帰モデルを用いるので、予測結果も２種類になります。つまり、**２列のデータが新しく生成**されたことになります。

　この予測結果を特徴量として、新しいモデルを用いて学習すると、２本の直線を重ね合わせた学習モデルを生成できます。

■ 2本の直線を重ね合わせた学習モデル

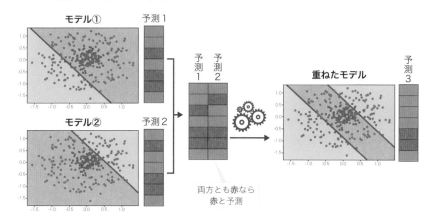

■ 4本の直線を重ね合わせた学習モデル

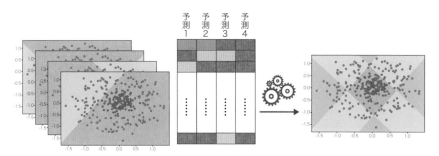

　さらに複雑にするためには、2つしかなかったモデルを増やせばよいわけです。たとえば、4つのモデルを用いると4本の直線で分離することになります。

　これまでのプロセスを簡単に図示すると、上図のようになります。

　ニューラルネットワークは複数のニューロンが集まった「層」と呼ばれる構造を内部にもち、それぞれの「層」には名前が付いています。特徴量をアルゴリズムに渡すまでを「**入力層**」、特徴量を受け取ってから出力するまでの層を「**中間層（隠れ層）**」、最後の予測を出力する層を「**出力層**」といいます。そして、この「中間層」を何重にも重ねたものが**ディープラーニング**なのです。

　今回はロジスティック回帰モデルを用いて解説しましたが、このような関数を一般に「**活性化関数**」（P.162参照）といいます。ロジスティック回帰に使われている関数は「**シグモイド関数**」といい、ReLUなどが考案されています。

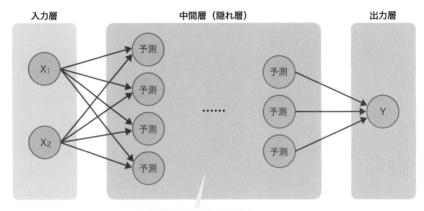

■ニューラルネットワークの３つの層

入力層　　　　　　　　　中間層（隠れ層）　　　　　　　　出力層

中間層を多層化したものが
ディープラーニング

⬤ ニューラルネットワークの用途

　ニューラルネットワークやディープラーニングは、中間層を多層化すること
で複雑な傾向を捉えられるので、自然言語処理や画像認識などで活用されてい
ますが、**テーブルデータの予測モデルとしても高い精度を発揮**できます。

　また、ネットワークの組み方次第で、**さまざまな学習モデルをつくれる**のが
最大の特徴です。たとえば、自然言語と画像とテーブルデータなど、データの
構造が異なるものを同時に用いて学習できます。

　さらに、世界中の研究者が**学習済みのネットワーク**を公開しており、自分で
大量のデータを準備しなくても、すぐに実験できる環境が整っているのも特徴
です。後述する解釈の困難さはありますが、高い予測精度が必要とされる多様
なシチュエーションで活用できるでしょう。

　これまでにさまざまな教師あり学習のアルゴリズムを紹介してきましたが、
あらゆるシチュエーションで汎用的に使えるものはありません。精度において
も、学習に使えるデータによってXGBoostが最も高いこともあれば、ニュー
ラルネットワークが高いこともあるでしょう。各種の手法を試して、最もよい
モデルを選びましょう。また、決定木や線形回帰モデルのように、予測の精度
は高くないものの、使いどころを見極めれば便利に使えるアルゴリズムもあり

ます。どこでどのアルゴリズムを用いるかはアイデア次第なのです。

◉ ニューラルネットワークの注意点

●解釈の困難さ

　ニューラルネットワークやディープラーニングは、複雑な傾向を捉えることができる分、**解釈が難しいアルゴリズム**でもあります。現在、機械学習の学習のプロセスや予測結果を解釈する研究も進んでいますが、線形回帰モデル（P.196参照）や決定木（P.200参照）などと比較すると、データの傾向の解釈が難しいアルゴリズムであるというのが現状です。そのため、第5章で解説したXAI（P.181参照）などの研究が注目されています。

●過学習の発生

　これまでに紹介したアルゴリズムと同様、ニューラルネットワークも精度が高い分、**過学習（P.172参照）が発生しやすい**性質があります。中間層の多層化だけで調整すると、複雑な傾向を捉えられなくなるので、「**ドロップアウト**」を用いることが一般的です。

　ドロップアウトは、学習のプロセスで、**途中の学習の一部を機能させなくする**ことで、過度に適合することを避けるアルゴリズムです。ニューラルネットワークを実装する際は、中間層のチューニングだけではなく、ドロップアウトを適切に用いて学習させましょう。

まとめ

- ▣ 単純なモデルを重ね合わせることで複雑な傾向を捉えられる
- ▣ 自然言語や画像だけではなく、テーブルデータにも応用可能
- ▣ 解釈性は高くないので、解釈が必要な場合は別のものを検討

46

教師あり学習7： k-NN（k-Nearest Neighbor）

k-NNは、教師あり学習のアルゴリズムでありながら、「学習」というプロセスを経ずに、データを丸暗記して予測するという一風変わったアルゴリズムです。データの距離によって予測を行うので、異常検知などでも用いられています。

● 特徴量に近いデータで多数決をとる

k-NNはk-Nearest Neighborの略で、日本語では「**k近傍法**」と呼ばれます。アルゴリズムはとてもシンプルで、予測したい値を入力すると、その**特徴量と近い距離にあるデータで多数決をとり、その結果を予測値とする**というしくみになっています。

■ k-NNのアルゴリズムのしくみ

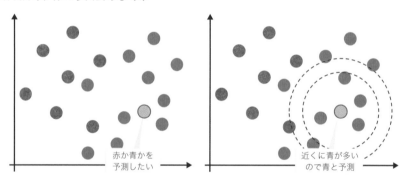

赤か青かを
予測したい

近くに青が多い
ので青と予測

多数決に用いるデータの件数は、「k」というハイパーパラメータで決定します。kが大きすぎるとデータにフィットしませんが、小さすぎても過学習になってしまうので、**交差検証**などで**探索**しましょう。

● k-NNの用途

k-NNは複雑な傾向を捉えられるので、さまざまなタスクに応用できます。

■ データ件数の決定に必要なハイパーパラメータ「k」

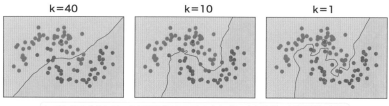

k=40　　　　　　　k=10　　　　　　　k=1

kが大きすぎるとデータにあまりフィットしないが、小さすぎても過学習になる

■ ほかのアルゴリズムとの精度の比較

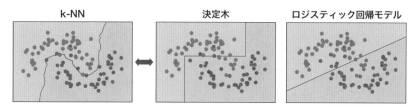

k-NN　　　　　　決定木　　　ロジスティック回帰モデル

ほかのアルゴリズムと比較しても精度よく分類できていることがわかります。

　注意点としては主に、スケールを合わせる必要があること、大規模データに適さないことなどが挙げられます。

●特徴量間のスケールを合わせる

　k-NNは距離で予測するので、特徴量間のスケールがバラバラだとうまく予測できない場合があります。**特徴量を標準化するなどの前処理**を行いましょう。

●大規模データに対する予測が不得意

　k-NNは、学習を行わないことはシンプルでよいのですが、予測のたびにすべてのデータを用いるので計算コストが大きく、**大規模データでの予測には適しません**。k-NNはデータ件数の少ない場合に利用しましょう。

まとめ

▷ **データを丸暗記するリアルタイム学習アルゴリズム**

▷ **距離の近いデータで多数決をとるが、計算コストが大きい**

47 教師なし学習1[クラスタリング]： k-means法

「k-means法」は、教師なし学習のなかで、クラスタリングに属するアルゴリズムです。クラスタリングのなかで最も代表的な手法の1つであり、教師なし学習の基礎的な考え方が詰め込まれている理論でもあります。

◉ 似たデータを集めて分類するアルゴリズム

「k-means法」（P.55参照）とは、教師データを用いずに、似たデータを集めて分類する手法です。k-NNと名称が似ていますが、k-means法は正解ラベルを必要としない教師なし学習です。k-means法を用いると、すべてのデータはいずれかのグループ（クラスタ）に分類され、各データはそれぞれの**クラスタの中心点から一番近いクラスタに分類**されます。アルゴリズムは次のとおりです。

① 初期の中心点をランダムに決める
② 一番近い中心点を、そのデータが所属するクラスタとする
③ それぞれのクラスタ別に新たな中心点を計算する
④ 中心点が一番近いクラスタを、そのデータが所属するクラスタとする
⑤ それぞれのクラスタ別に新たな中心点を計算する
⑥ ②〜⑤を繰り返す　→　中心点が変化しなくなったら終了

◉ k-means法の用途

たとえば、ニュースアプリのユーザーをグループ分けし、グループ別に販促施策を行う場面を想定してみましょう。年齢や性別などの属性情報に加え、利用時間帯別のニュース閲覧数などを用いるとします。

そのようなとき、**全体の傾向を勘案してグルーピングをしてくれるのがクラスタリング**です。特にk-means法は、クラスタリング後の解釈が行いやすいのが特徴です。実は、**中心点は平均値を示す**ので、クラスタ別に各変数の平均値を比較すれば、各クラスタの傾向やクラスタ間の違いなどを把握できます。

■ 似たデータを集めて分類

①初期値をランダムに決める ②初期値に一番近いクラスタに所属 ③中心点を計算

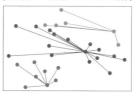

④中心点に一番近いクラスタに所属 ⑤中心点を計算 ⑥繰り返す

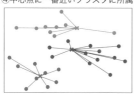

■ 中心点の比較

	ユーザー数	平均年齢	男女比	平均的な 時間帯		平均閲覧 回数
クラスタ1				12-15 時	···	
クラスタ2				19-21 時	···	
クラスタ3				9-12 時	···	
⋮	⋮	⋮	⋮	⋮	⋮	⋮

◉ k-means法の注意点

●変数の大きさを合わせる必要性

　k-means法は、計算のプロセスに距離を用いるので、**変数間の分散（P.133 参照）を揃えておく**必要があります。分散が揃っていないと、クラスタリングの結果が分散の大きな変数に引っ張られてしまうことがあるので、**事前に標準**

化などを行うようにしましょう。

●クラスタ数の決定方法

クラスタ数は、分析者が事前に決める必要があります。理論的に決定する方法はいくつかありますが、ここでは最も基本的な「**エルボー法**」を紹介します。

エルボー法で用いるのは「**WCSS**」という値です。この値は、各データの点から、分類される**クラスタの中心点までの距離を合計**した値です。クラスタを増やしながら、WCSSをプロットしてみます。

下図を見ると、**クラスタ数3つまではWCSSが急激に減少**していますが、それ以降は変動が少なくなっています。この**折れ曲がった"ひじ"のような部分が最適なクラスタ数**であることから、エルボー法と名づけられています。

■ エルボー法のイメージ

本来はクラスタ数
3つが適切

クラスタ数を増やしながら
WCSSをプロット

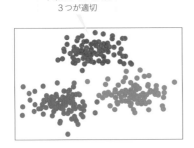

クラスタ数3つまでは
急激に減少

可視化が難しい多変量のデータでも、
WCSSをプロットすれば適切なクラスタ数を推定できる

ただし、実務で用いるデータでは、このようにきれいな"ひじ"が描かれることは稀で、緩やかなカーブになることが大半です。

また、クラスタリングを行う目的も考慮する必要があります。前述のニュースアプリの例でいえば、たとえば「クラスタ別にメルマガの文案を変えたい」という目的の場合に、エルボー法で得られた最適なクラスタ数が仮に20であっても、20種類も文案を考えることはコストがかかります。エルボー法の結果はあくまで目安として用いるようにしましょう。

●複雑な傾向があるデータのクラスタリング

k-means法は、P.225の図のような複雑な傾向がある場合は、うまくクラス

タリングができません。

■ 複雑な傾向をもつときのクラスタリング

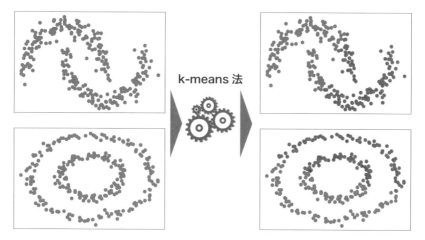

k-means 法

とはいえ、事前に複雑な傾向があることを見通すことは困難です。さらに、教師あり学習と異なり、精度を明確に定義できるわけではないので、人間の業務知識などでうまくクラスタリングされているかを判断しなければなりません。

　もしクラスタリングの結果が、業務知識と照らし合わせて適切と判断できない場合は、k-means法の結果を真に受けず、変数をつくり直したり、別のアルゴリズムを検討したりするなど、柔軟に対処しましょう。「アルゴリズムが出した結果だから絶対に正しい」などと考えてはいけません。

まとめ

- ▸ **クラスタ別に中心点を求めて分類する教師なしアルゴリズム**
- ▸ **クラスタ数はエルボー法を用いつつ目的を考慮して決定する**
- ▸ **クラスタリングの結果を真に受けない**

48 教師なし学習 2 [クラスタリング] : 階層的クラスタリング

「階層的クラスタリング」は、クラスタリングのアルゴリズムです。古典的なアプローチにより、各クラスタの関係を「デンドログラム」で表現します。クラスタリングのプロセスが見てわかるので、解釈性の高いアルゴリズムです。

● データ間の距離でグループ分けをするアルゴリズム

「階層的クラスタリング」は、k-means法（P.222参照）と同様、**データ間の距離を測定しながらグループ分け**をするアルゴリズムです。k-means法と異なるのは、クラスタ数を事前に決めないことです。

> ①各データを1クラスタと捉える
> ②データ間の距離を計算する
> ③最も近い2データを1クラスタとし、その中心点をクラスタの座標とする
> ④各データとクラスタの座標との距離を計算する
> ⑤全データが1クラスタになるまで③と④を繰り返す

■ データ間の距離を測定しながらグループ分け

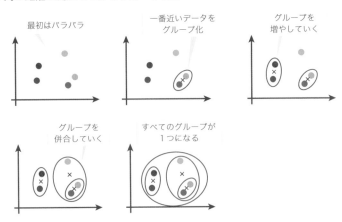

◉ デンドログラムによる結果の解釈

　階層型クラスタリングでは、クラスタが少しずつ併合されていき、最後に1つのクラスタとなります。このプロセスは階層で表現でき、この階層を図で表したものを「**デンドログラム**」といいます。デンドログラムの縦軸は距離を表しており、カットする閾値を決めることで、目的のクラスタ数を決定できます。

■ デンドログラムのイメージ

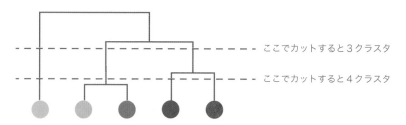

ここでカットすると3クラスタ

ここでカットすると4クラスタ

◉ 階層的クラスタリングの用途と注意点

　階層的クラスタリングは、**解釈性に優れる手法**として、クラスタリングのさまざまなタスクで用いることができます。ほかにも、デンドログラムを見れば外れ値を発見できるので、**異常値の検出**として用いることも可能です。

　階層的クラスタリングの弱点は、何といっても**計算コスト**です。データ間のすべての距離の計算処理を何度も行うので、非常にコストがかかります。データ数がそれほど多くなければ有用な手法ですが、大規模なデータを扱う場合は別のアルゴリズムを検討しましょう。なお、階層型クラスタリングもk-means法と同様に距離を扱うので、**各変数の大きさを合わせる**必要があります。

まとめ

- ▶ **クラスタを1つひとつ併合していくアルゴリズム**
- ▶ **デンドログラムを使って解釈できる**
- ▶ **計算コストが大きいので、大規模なデータでは使えない**

49 教師なし学習3［クラスタリング］： スペクトラルクラスタリング

「スペクトラルクラスタリング」は、ネットワークの構造に着目してクラスタリングを行う手法です。データの特徴量をもとにした予測やクラスタリングではなく、データ間の関係に着目するという新しいアプローチです。

● ネットワークでクラスタリングするアルゴリズム

　ネットワークによるクラスタリングを解説する前に、アルゴリズムの基礎となる**グラフ表現**について簡単に紹介しておきます。下図のような人間関係で、人間のアイコンの間に連結がある場合を「友人関係」とします。グラフ表現では、この人間の部分を「**ノード**（頂点）」、連結の部分を「**エッジ**（辺）」といいます。

　「スペクトラルクラスタリング」では、このデータに対して、1つずつエッジをカットしながら、クラスタがきれいに分かれるかどうか判定し、**最もきれいに分かれるエッジ**を探します。今回のデータはC-D間のエッジをカットするのが一番きれいに分割できそうです。

■ 人間関係の連結ネットワークの例

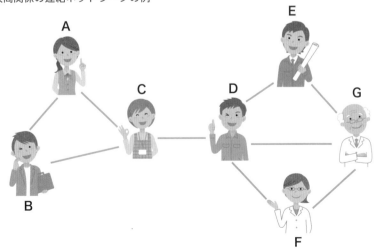

● データ間の距離を用いたスペクトラルクラスタリング

　人間関係による例で解説しましたが、**ノード間の関係を定義**できれば、どのようなデータに対してもスペクトラルクラスタリングを適用できます。

　k-means法ではうまく分類できないデータでも、各データをノードとして、ノード間の関係を直線距離で定義すれば、スペクトラルクラスタリングを用いてうまく分類できる場合があります。

■ k-means法とスペクトラルクラスタリングの比較

k-means法	スペクトラルクラスタリング

● スペクトラルクラスタリングの用途と注意点

　スペクトラルクラスタリングは、テーブルデータのクラスタリングの手法として汎用的に用いることができますが、特に**ネットワークの構造を仮定したい場合**に有効な手法です。ネットワークの分析は、SNSの分析、地域のコミュニティ検出、物流網の分析、タンパク質の相互作用の解析など、幅広い分野で応用されています。

　注意点として、ネットワークにはノードとエッジの関係に応じてさまざまな種類があり、その関係によってスペクトラルクラスタリングを用いることができない場合があります。

　それぞれ、どんな種類があるかを挙げてみましょう。

● 無向グラフ

　人間関係や道路網など、**ノード間の関係に「向き」がないもの**をいいます。最も単純なグラフであり、スペクトラルクラスタリングでは無向グラフを前提としています。

● 自己ループ

　無向グラフとほぼ同じですが、**ノード自身に対する「リンク構造」があるも**

のをいいます。インターネット上のWebページなどが該当します。

●多重グラフ

　ノードからノードへの経路が複数存在することを想定します。たとえば、道路と到着点のネットワークでは、到着点への経路は複数存在するので、多重グラフとなります。スペクトラルクラスタリングでは多重グラフは扱えません。

●有向グラフ

　SNSのフォロー関係や論文の引用関係など、**「方向性（向き）」があるもの**をいいます。無向グラフと異なり、有向グラフはスペクトラルクラスタリングでは扱えないので、無向グラフとしてデータを変更して扱うか、**「確率的ブロックモデル」**などの有向グラフでもクラスタリングを行えるアプローチを検討する必要があります。

●重み付きグラフ

　これまでは0や1などの整数でエッジを表現していましたが、**接続の強さを柔軟に捉えるもの**をいいます。たとえば、人間関係であればメッセージの件数、道路であれば距離、鉄道であれば運賃などをパラメータ（重み）として捉えます。

■ さまざまなグラフの種類

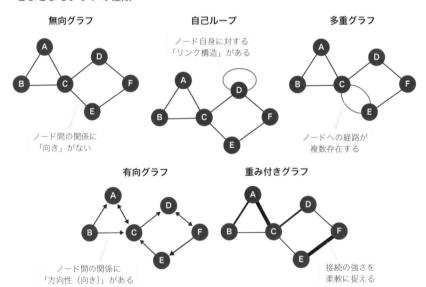

無向グラフ

ノード間の関係に
「向き」がない

自己ループ

ノード自身に対する
「リンク構造」がある

多重グラフ

ノードへの経路が
複数存在する

有向グラフ

ノード間の関係に
「方向性（向き）」がある

重み付きグラフ

接続の強さを
柔軟に捉える

これらのグラフは、複数のものが組み合わせられていることもあります。たとえば、友人とのメッセージのやり取りをグラフで表現する場合、件数は**パラメータ**、誰が誰に送信したかは**有向**なので、この例では**重み付き有向グラフ**となります。分析したい対象やその目的を考慮し、どんなグラフを仮定すべきかを事前に検討するようにしましょう。

● 隣接行列でグラフを表現する

これまで解説してきたネットワーク構造を表（テーブル）で表現したものを「隣接行列」といいます。隣接行列は、**行数も列数もノード（頂点）数**となっている正方形の行列です。たとえば、次の無向グラフを隣接行列にする場合は、ノードの数が6件なので、6×6の正方形になります。互いにつながりのある箇所に1、そうでない箇所に0を入力してネットワーク構造を表現できます。

■ 無向グラフと隣接行列

無向グラフ

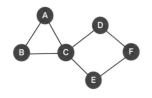

隣接行列

	A	B	C	D	E	F
A	0	1	1	0	0	0
B	1	0	1	0	0	0
C	1	1	0	1	1	0
D	0	0	1	0	0	1
E	0	0	1	0	0	1
F	0	0	0	1	1	0

無向グラフの隣接行列は右上と左下で対称になるのが特徴で、スペクトラルクラスタリングはこのような隣接行列を用いてクラスタリングを行います。

なお、重み付きグラフでも問題なく用いることができます。

まとめ

▷ **データ間のネットワーク構造に着目したクラスタリング手法**

▷ **ネットワーク構造を仮定したさまざまな分野に応用可能**

▷ **グラフの特徴に合わせて種類を検討し、設計する**

50 教師なし学習 4 ［次元削減］：PCA（主成分分析）

「PCA（主成分分析）」は高次元の特徴量を低次元に変換する次元削減のなかでも最もシンプルなアルゴリズムです。可視化が困難な高次元データを要約したり、データを削減して計算効率を高めたりするために用いられます。

◉ 高次元データの影を使って要約するPCA

　「PCA（主成分分析）」は、**高次元データに光を当て、影を落とす要領でデータを要約**します。たとえば、3次元空間に散らばっているデータに光を当てると、写った影は2次元になり、情報が削減されます。3次元のデータに光を当てて2次元にしたあと、さらに1次元に変換する場合は、直線上にデータを写して要約します。ここでは、元データを3次元としましたが、実際には多次元データでも同じように低次元に変換できます。

■ 3次元データに光を当てて要約

3次元から2次元へのPCA

x_1	x_2	x_3		z_1	z_2
10.2	3.3	2.4		8.8	4.3
-2.5	9.5	9.0		5.5	-1.2
⋮	⋮	⋮		⋮	⋮
2.2	4.3	− 5.5		5.2	3.0

影を落とすように2次元空間へ移し込む

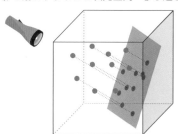

　3次元から2次元に変換する際は、次のような式で行っています。

　線形回帰モデルと似たような数式になっていますね。このような線形な式で次元削減を行う方法を「**線形次元削減**」といい、PCAもこの1つです。

$$z_1 = a_1 x_1 + b_1 x_2 + c_1 x_3 \qquad z_2 = a_2 x_1 + b_2 x_2 + c_2 x_3$$

　PCAは、xからzに変換する際、なるべく情報を損なわないように、a, b, cを決める工夫がなされています。

● データの情報量をできるだけ残すしくみ

　先述のとおり、PCAでは影を落とすようにデータを削減しますが、光を当てる向きによって結果が変わってきます。

■ 光を当てる向きによって結果が変わる

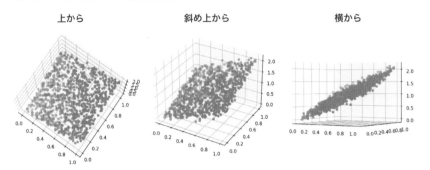

　光を当てて影を落としたとき、できるだけ面積が大きくなるように光を当てれば、元の傾向をよく残しているといえそうです。つまり、**影の縦軸と横軸の分散ができるだけ大きければ**、データの傾向が残っていることになります。

　PCAでは、変換後の分散が最大になるような向きを探索し、次元削減を行っています。

■ PCAの結果のイメージ

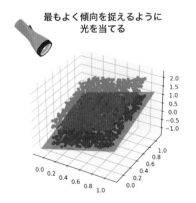

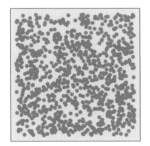

◉ PCAの用途

　PCAはデータの解釈と、教師あり学習のための特徴量の加工の2つの目的で用いることができます。どちらの場合もうまく使うためのコツがあるので紹介します。

● PCAを用いたデータの解釈

　ここでは「国語」「算数」「理科」のテストの得点を例に、PCAによるデータ解釈の方法を解説します。生徒別に3科目の得点に対してPCAを行った結果が下図（3科目の散布図）です。実はPCAでは、2次元に変換する際に、元の軸も一緒に変換するので、この軸も解釈に用いることができます。

■ 3科目のテストの得点のPCA

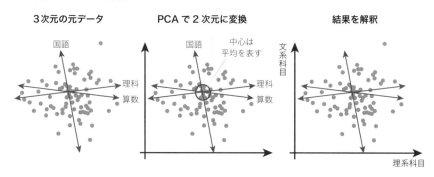

　PCAの結果を読み解くと、算数と理科がまとまっているので、新しい横軸は「理系科目」と解釈できそうです。同様に縦軸は国語の軸が残っているので「文系科目」と考えてよいでしょう。

　3科目の元の軸が交わる中心は平均を表しているので、図の上側の生徒は文系科目が得意で、下側は逆に苦手と解釈できます。同様に、右側は理系科目が得意で、左側は理系科目が苦手という解釈になります。

　このようにPCAを使うと、軸を読み取って得手不得手の位置を把握できるので、ビジネスでは市場調査などで用いられています。

● 教師あり学習のための特徴量の加工

　PCAは、教師あり学習の予測モデルを構築する際、特徴量の加工方法として用いることがあります。情報を削減すると、**ノイズが減って精度が上がる**こ

とがあります。また、次元が削減されるので、計算コストが小さくなり、**学習時間の短縮**も期待できます。

変換後の次元数はできるだけ小さいほうがよいですが、小さくしすぎると精度に影響が出るので、**「寄与率」**という指標を目安にするのが一般的です。寄与率とは、変換後に情報がどの程度残っているかを表す指標です。変換後の次元数を1から順番に増やしていき、寄与率を累積した値を**「累積寄与率」**といいます。累積寄与率80%を目安にして次元数を決めるのが一般的です。

■ 累積寄与率の例

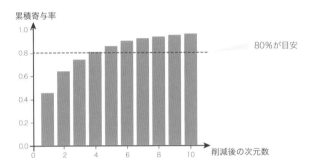

● PCAの注意点

PCAは分散を用いて計算しているので、変数を標準化し、**変数間の分散が等しくなるように加工**しておきます。一般によく用いられるライブラリでは、事前に背後で計算が行われていることが多いですが、必要であることは認識しておきましょう。

まとめ

- ▷ **PCAは、低次元に影を落とすようにして次元削減を行うアルゴリズム**
- ▷ **データの解釈と特徴量の加工に用いることができる**
- ▷ **変数の標準化が必要**

51 教師なし学習5［次元削減］： UMAP

「UMAP」は「多様体学習」と呼ばれる教師なし学習の一種です。多次元空間における
データ間の関係性を保ったまま、低次元のデータとして表現できるので、主に高次
元データの可視化に用いられています。

● データ間の距離を維持して次元削減をするUMAP

　「UMAP（Uniform Manifold Approximation and Projection）」を説明するために、
まずはPCAの結果とUMAPの結果を比較してみましょう。PCAの結果を見ると、
元の3次元のデータを、**見る方向を変えたように**なっています。一方、UMAP
の結果を見ると、**丸まっていたデータを引き伸ばしたように**なっています。

■PCAとUMAPの比較

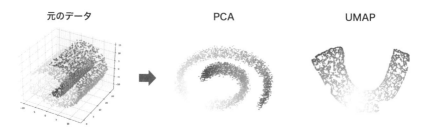

　このような違いが現れるのは、UMAPは全体の傾向の考慮しつつ、**データ間
の「距離」をできるだけ維持したまま次元削減を行おうとする**ためです。

　UMAPは、データ間の関係性をネットワークとして捉え、そのネットワーク
構造を維持したまま低次元に変換するのが特徴です。

　なお、UMAPは「多様体学習」と呼ばれる手法の1つですが、これは第4章
のコラム（P.137参照）の多様体仮説をモデル化したような手法ともいえます。

⊙ ネットワーク構造としてデータを捉えるUMAP

　UMAPのアルゴリズムを、３次元から２次元へと次元削減をする例で解説します。まずは、データの距離が近い順に上位何件までつなげるかを決めます。ここでは３件とします。次に、データを１件ずつ取り出し、近い順に上位３件をつなげます。最後に、**データ間の「つながり」が近いものほど値が大きくなるような「パラメータ」**を与えます。これでネットワーク化は完了です。

　あとは、２次元のデータから同様にネットワークを生成したときに、できるだけ同じネットワークになるように、データの配置を決めれば完了です。

■ データを順番に取り出して「つながり」が近いものをつなげる

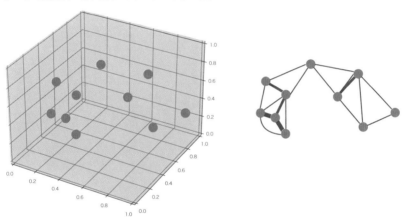

■ 同じネットワークになるように２次元のデータの配置を決める

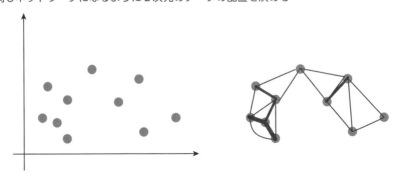

237

● UMAPのハイパーパラメータ

UMAPはハイパーパラメータの調整によって変換の結果が変わります。主要な2つのパラメータを紹介するので、実験しながら調整しましょう。

■ ハイパーパラメータによって結果が変わる

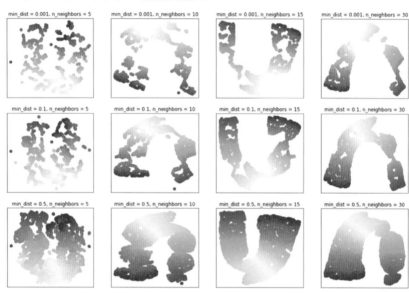

■ UMAPの主なハイパーパラメータ

n_neighbors	ネットワークを生成する際、**何件のデータをつなげるかを決定する**パラメータ。値を大きくするとデータ全体の構造を重視し、値を小さくすると局所的な構造を重視する
min_dist	**データをどれだけ凝縮させるかを決定する**パラメータ。値を大きくするとデータ全体が集まったような結果になりやすく、値を小さくするとデータが散らばる。クラスタリングなどデータが散らばっているほうがよい場合には値を小さくし、全体的な構造を維持したい場合には値を大きくするとよい

● UMAPの用途と注意点

　UMAPは、複雑な傾向のある多次元のデータでも、**多くの情報を残したまま低次元に次元削減ができます**。この性質を利用することで、多次元のデータのクラスタリングがうまく行っているかどうかを可視化して確認したり、教師あり学習のための特徴量の加工として用いたりすることができます。

　UMAPは、複雑な傾向のデータでもうまく次元削減をしてくれますが、制約も多い手法です。次の点に注意しましょう。

●変換後の解釈はできない

　UMAPは、PCAとは異なり、変換前後のデータの距離の情報をできるだけ維持することを目的としたアルゴリズムなので、変換後の縦軸と横軸を読み取ってデータの傾向を解釈できません。データの解釈が必要な場合はPCAを用いましょう。

●計算結果の再現性

　UMAPは、ランダム性をもたせて学習を行っているので、同じデータ、同じハイパーパラメータにしても同じ結果になりません。もし再現性をもたせたい場合は、ランダム性を固定するパラメータがあるので、そちらを使いましょう。

●多くの計算時間が必要

　UMAPは計算に時間がかかります。PCAは一瞬で計算が終わることが多いのですが、UMAPは一度の計算で数十分の時間がかかる場合もあります。ハイパーパラメータの探索をするとさらに時間がかかるので、用いる場合は一度動作させてみて、どの程度の時間がかかるかを確認しましょう。

まとめ

- ▷ 元のデータ間の「距離」を保ったまま次元削減ができる
- ▷ 高次元データの可視化に用いることができる
- ▷ 解釈は難しい

52 教師なし学習6［次元削減］：行列分解

「行列分解」は、データの要素を分解して情報を取り出し、次元削減を行う手法です。信号処理や自然言語処理など幅広い分野で応用されています。本節では、有名なレコメンデーション事例をもとに解説していきます。

● データの要素を分解する行列分解

たとえば、映画視聴サイトにおいて、未視聴の映画をユーザーにレコメンドしたいとします。この映画視聴サイトでは、各映画の評価データがあるので、そのデータを使って未視聴の映画をレコメンドします。

■ 映画の評価データの例

	映画A	映画B	映画C	映画D	映画E	映画F	……
ユーザー1	5	1	2	4	未視聴	3	……
ユーザー2	未視聴	3	4	未視聴	2	3	……
ユーザー3	2	2	未視聴	4	3	未視聴	……
⋮	⋮	⋮	⋮	⋮	⋮	⋮	⋮

「行列分解」のモデルは、このデータを**「ユーザーの趣向」**と**「映画のジャンル」の掛け算**で生成されたと考えます。推定した「ユーザーの趣向」と「映画のジャンル」を掛け合わせたデータと、実際の評価データを比較したとき、元のデータと近い結果になっていたら、未視聴の映画についても評価を予測できるはずです。評価を予測できれば、評価が高くなりそうな映画をレコメンドできます。

計算のしくみを解説するにあたり、ここでは「ユーザーの趣向」と「映画のジャンル」が「アクション」「ホラー」「恋愛」の3つの潜在成分からなると考えます。潜在成分とは、データの性質を特徴付ける潜在的な成分を指します。

■「ユーザーの趣向」と「映画のジャンル」の潜在成分

	アクション	ホラー	恋愛
ユーザー1	1.5	1.1	0.1
ユーザー2	0.9	0.5	2.2
ユーザー3	2.5	0.5	0.5
⋮	⋮	⋮	⋮

	アクション	ホラー	恋愛
映画A	0.1	0.3	2.0
映画B	1.7	1.2	0.7
映画C	0.8	1.6	0.3
⋮	⋮	⋮	⋮

数値はそのジャンルが
どれくらい好きかを表す

数値はそのジャンルの成分が
どれくらい含まれているかを表す

　ユーザーデータの数値は「そのジャンルがどれくらい好きか」を表しており、映画データの数値は「そのジャンルの成分がどれくらい含まれているか」を表しています。映画のジャンル成分とユーザーの趣向が近いほうが評価が高くなると想定されます。

　それでは、この2つのデータを掛け合わせ、評価行列の予測値を計算してみます。ユーザー1に着目して各映画の予測値を計算した結果が下図です。

■予測値の計算の例

	アクション	ホラー	恋愛
ユーザー1	1.5	1.1	0.1
	×	×	×
映画A	0.1	0.3	2.0
	‖	‖	‖
	0.15	0.33	0.2

$0.15 + 0.33 + 0.2 =$ 映画Aの評価 0.68

	アクション	ホラー	恋愛
ユーザー1	1.5	1.1	0.1
	×	×	×
映画B	1.7	1.2	0.7
	‖	‖	‖
	2.55	1.32	0.07

$2.55 + 1.32 + 0.07 =$ 映画Bの評価 3.94

映画Aと映画Bを比較すると、映画Bのほうがユーザーの趣向に近い潜在成分となっているので、評価の予測値もBのほうが高くなっています。同様の計算をすべてのユーザーと映画のペアで行えば、評価データを予測できます。行列分解のモデルではこの潜在成分をデータから学習して推定します。

● 潜在成分の読み取り

ここでは映画の潜在成分を「アクション」「ホラー」「恋愛」としましたが、どの成分が何を意味しているのか、そのままではわかりません。潜在成分は「ユーザーの趣向」と「映画のジャンル」のそれぞれの行列として出力されるので、アルゴリズムが計算した潜在成分と映画タイトル を突き合わせて解釈を考える必要があります。また、成分の数は自分で指定しなければなりません。成分を読み取りながら、ちょうどよい数を見つけましょう。

■ アルゴリズムが推測した潜在成分

映画の内容と潜在成分の値を見ながら、
どの成分が何を意味しているかを読み取る

● 行列分解の用途

次元削減を行ってデータを解釈するという使い方を基本にしつつ、成分を分解できるという特徴を活用した用途がいくつかあるので紹介しておきます。

●レコメンデーション

アルゴリズムの解説で紹介したように、潜在的な成分を見つけて評価を予測することでレコメンデーションに用いることができます。

●文書のトピック抽出

1つの文書からトピックを抽出するために用いられることがあります。文書でも記事のカテゴリを潜在成分として推定することで、特徴から記事の自動分

類などを行うことができます。

●音声解析

　テーブルデータだけではなく、音声データの解析にも用いられます。たとえば、バンド演奏などの楽曲で行列分解を行うと、ボーカルの音声、ギターの音、ベースの音などのように音源を分解できます。

⦿ 行列分解の注意点

　行列分解はさまざまな用途がありますが、特にレコメンデーションに用いる場合、大きく２つの注意点があるので紹介します。

●コールドスタート問題

　初めて使用するユーザーについては、**過去の評価データがない**ので、趣向を予測できません。このような問題を「**コールドスタート問題**」といいます。回避策として、人気ランキングの上位を推薦する方法や、自然言語処理を用いて商品説明を数値化し、似たものを推薦する方法など、さまざまな方法が検討されています。状況に応じて対策をしましょう。

●負の値の評価の予測値

　実は今回紹介した方法をレコメンデーションで使う場合、課外があります。というのも、**評価の予測値が「負の値」になる可能性**があるからです。評価は一般的に負の値をとりません。そこで、予測値が負の値をとらないような制約を付けた「**非負値行列因子分解**」というアルゴリズムが考案されています。このアルゴリズムは「２つの潜在成分がどちらも負の値をとらない」という特徴がありますが、基本的な考え方は同じなので、目的に合わせて使い分けるようにしましょう。

まとめ

▫ **行列分解はデータを２つの潜在成分で分解する**

▫ **レコメンデーションなどのさまざまな応用例がある**

▫ **負の値を用いる場合は「非負値行列因子分解」を用いる**

53 教師なし学習7［次元削減］： オートエンコーダ

「オートエンコーダ」はディープラーニングを用いて次元削減を行う教師なし学習です。「変分オートエンコーダ（P.132参照）」や「敵対的生成モデル」といった発展的な生成モデルの基礎となるアルゴリズムとしても知られています。

● データを圧縮して復元するオートエンコーダ

「オートエンコーダ」は「自己符号化器」とも呼ばれます。ニューラルネットワークを用いてデータをエンコード（符号化）して圧縮したあと、できるだけ**元のデータを再現できるようにデコード（復合）する**アルゴリズムです。次元削減以外にも異常検知や生成モデル（P.132参照）に用いられています。

■オートエンコーダのネットワーク図

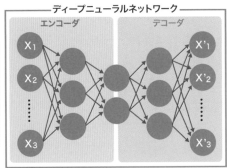

　特徴量が複数あるデータXを、オートエンコーダを用いて復元するネットワークが上図です。入力したデータをエンコードして圧縮したあと、デコードして元のデータと同じサイズにします。教師あり学習とは異なり、目的変数を予測するのではなく、入力したすべてのデータを用いて、そのまま再現できるように学習します。

　このネットワークの特徴は、途中でデータが圧縮されている点です。圧縮さ

れているにもかかわらず、元のデータを再現できるとしたら、**再現できるだけ
の情報が残っていた**ことになります。つまり、十分に学習したネットワークで
あれば、この中間の圧縮された層を取り出すことで、データを低次元に要約で
きたことになるわけです。

■ 中間層の次元削減を行ったあとデータとして取り出す

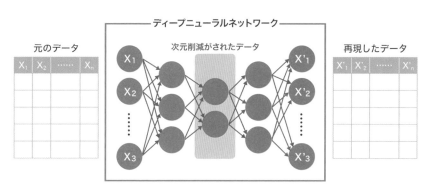

● 異常検知で力を発揮するオートエンコーダ

　オートエンコーダは、次元削減に用いることができますが、実は異常検知で
その力を発揮します。一般に異常データというのは頻繁に発生しないので、異
常データを集めることが困難です。しかも異常データを予測する教師あり学習
の場合は、異常のパターンも網羅しなければなりません。しかし、オートエン
コーダを用いた異常検知は、**正常データだけを集めればよく、異常データを必
要としません**。

　なぜそんなことができるのでしょうか。実はとてもシンプルなしくみがあり
ます。まず前述のように、正常データだけでオートエンコーダを学習します。
この学習済みモデルを使い、異常検知を行いたいデータを入力すると、再現さ
れた出力データが生成されます。正常データで学習しているので、正常データ
が入力されれば、**出力データもほぼ同じデータ**になります。しかし、異常なデー
タが入力されると、異常な値に対する特徴が学習されていないので、正常デー
タと出力されてしまいます。つまり、入力データと出力データの差をとり、一

定以上の差があれば異常値とみなすといった使い方ができるのです。

　なお、異常検知の目的でオートエンコーダを用いる場合、中間層の大きさは検知精度がよくなるように調整する必要があります。

■ オートエンコーダで異常検知を行う

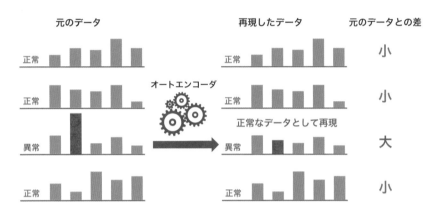

⬤ オートエンコーダで擬似データを生成する

　学習済みのネットワークは、値を入力すると過去のデータと似たような値を出力する特性があるので、**乱数を入力して擬似的にデータを生成**できます。テーブルデータで生成できるのはもちろんですが、画像認識などの分野でもこの技術が用いられています。

⬤ オートエンコーダの注意点

　オートエンコーダを次元削減に用いる場合、**削減後のデータの解釈ができない**点は注意が必要です。そのため、教師あり学習の精度向上やクラスタリング結果の目安などとして用いるのがよいでしょう。

　また、異常検知に用いる場合、異常データを必要としない点は便利ですが、**異常データを学習に含めると異常を検出できなくなる**ことは注意してください。

COLUMN 機械学習はパンデミックに弱い？

　2019年からの新型コロナウイルス蔓延による世界的なパンデミックにより、リモートワーク主体の働き方になったり、外食や旅行などが制限されたりするなど、私たちの生活や価値観が一変しました。このような変化に対応するため、DX（デジタルトランスフォーメーション）化が加速し、さらに機械学習への期待感も高まりを見せています。しかし、それにより、うまく予測できない事例も起こっています。

　機械学習は「予測」するためのアルゴリズムではあるのですが、あくまでそれは過去のデータの傾向を学習して予測しているのであって、厳密には「再現」しているだけにすぎません。たとえば、テーブル（表）データの場合、顧客の消費行動の理解や需要の予測などに用いられることが多いので、新型コロナウイルスの感染拡大前のデータを使って予測（再現）しようとしても、うまくいきません。つまり、機械学習は「安定して継続する世界」が前提となっているのです。

　新型コロナウイルスの蔓延により、機械学習の弱点が露呈することになりましたが、このような状況にならなかったとしても、実はどのような手法であれ、さまざまな制約や限界があります。

　「どのような状況で」「どのような手法を」使うべきかは機械学習では教えてくれないので、まだまだ人間の仕事は多く残りそうですね。

6

テーブルデータの機械学習アルゴリズム

 まとめ

▸ **オートエンコーダはデータを圧縮して復元するアルゴリズム**

▸ **次元削減に用いる場合は中間層を用いる**

▸ **異常データを用意できなくても異常検知を行うことができる**

おわりに

　AIでできることが増えてきました。AIは不良品の判定、設備の異常検知、為替の予測などを行い、チャットボットとして人間と対話を始めました。しかもAIは、絵を描き、音楽も奏で始めています。AIの作品なのか人間の作品なのか、区別が難しいレベルまでAIは進歩しつつあります。しかも、AIはロジックに基づいて大量のデータを分析しても疲れません。

　AIは便利なサービスの背後でも動き始めています。ネット検索で自分の興味にぴったりと当てはまる広告が目に留まったとき、その広告はAIの提案かもしれません。AIと出会う頻度が日常的になり、AIとは知らずにAIを利用することになるでしょう。そのような時代をどう生きていけばよいのでしょうか。

　AIは感情が苦手なようです。2022年、チャットボット「LaMDA」と対話をしたあるエンジニアは「ついにチャットボットが感情をもった」と主張しましたが、懐疑的な意見が大多数です。

　言わずもがな、人間は感情をもっています。この感情は人生に大きな影響を及ぼします。データからは無謀な挑戦でも周りから応援されて成功した人がいるでしょう。多くの失敗例ではなく、数少ない成功例を見て勇気を得た人がいるでしょう。一方、ある映画のワンシーンのバイオリン奏者のように、沈没していくタイタニック号の上でAIは讃美歌320番「主よ 御許に近づかん」など演奏するでしょうか。

　今後、ロジックとデータを駆使して分析していた時間をAIに任せ、人はより愛し、感謝し、寄り添い、励ますことに注力できるようになるでしょう。「大切なものは目に見えない」。本書を通してAIを知ることで、「人を人たらしめているものは何か」「どう生きるか」を考えるきっかけになれば幸いです。

　「一切れのパンではなく、多くの人は愛に、小さな微笑みに飢えているのです」
マザー・テレサ

共著者を代表して 小西 功記

■ 著者紹介

高橋 海渡（たかはし かいと）

1章、2章担当。AIベンダーでの新規事業開発や研究機関向けのAIハンズオンの講師を経験。現在は開発者として機械学習モデルの作成やWeb開発に関わっている。

立川 裕之（たちかわ ひろゆき）

6章担当。フリーランスのデータ分析コンサルタント。
事業会社の法人セールス、SaaSビジネス主幹を務めたのち、株式会社データミックスに参画。データ分析コンサルタントおよび研修講師としてさまざまなプロジェクトを経験したのち独立。現在はデータ分析コンサルティング、アルゴリズム開発、データ整備支援などに従事している。

小西 功記（こにし こうき）

4章、5章担当。株式会社ニコン 先進技術開発本部 数理技術研究所所属。
和歌山県生まれ。米ローレンス・バークレー国立研究所などで観測的宇宙論の研究に従事し、データサイエンティストとしての経験を積む。東京大学理学系研究科物理学専攻にて博士号取得。株式会社ニコン入社、2015年よりAI（機械学習）エンジニア。最先端の画像解析技術動向を注視しながら、AI技術の社会実装に取り組んでいる。特許および国内外での学会発表多数。

小林 寛子（こばやし ひろこ）

3章担当。株式会社ニコン 先進技術開発本部 数理技術研究所 所属。東京都生まれ。株式会社ニコン入社当時は経理部門に所属していたが、開発業務に携わるため異動を希望し、現在は自然言語処理を用いたマーケティング分析や画像認識などの研究開発業務に取り組む。JDLA G検定 2020 #2 合格者、2020年度経済産業省AI Quest修了。

石井 大輔（いしい だいすけ）

4章担当、本書企画統括。株式会社キアラ 代表取締役。岡山県生まれ。京都大学で数学を専攻後、伊藤忠商事欧州で新規事業開発。2016年、AI・機械学習に特化した研究会コミュニティ「TeamAI」を立ち上げる。1,000回の勉強会を通じ、会員1万人を形成。2019年、100ヶ国語同時翻訳Chatbotアプリ「Kiara」を海外向けにローンチ。500 Startups Singapore（経済産業省JETRO後援）を卒業。著書には『機械学習エンジニアになりたい人のための本–AIを天職にする』（翔泳社）など。
Twitter@ishiid
HP：kiara.team, ishiid.com

■ 執筆協力
澤井 悠 （3章）
齋藤 豪 （3章）
信田 萌伽 （4章、5章）

- ■装丁　　　　　井上新八
- ■本文デザイン　BUCH+
- ■本文イラスト　さややん。／イラストAC
- ■担当　　　　　宮崎主哉
- ■編集／DTP　　株式会社エディポック

図解即戦力

AIのしくみと活用が
これ1冊でしっかりわかる教科書

2023年 1月11日	初版 第1刷発行
2024年 8月 3日	初版 第4刷発行

著　者	高橋海渡、立川裕之、小西功記、 小林寛子、石井大輔
発行者	片岡　巖
発行所	株式会社技術評論社 東京都新宿区市谷左内町21-13 電話　　03-3513-6150　販売促進部 　　　　03-3513-6160　書籍編集部
印刷／製本	株式会社加藤文明社

ISBN978-4-297-13218-7 C3055　　　　　　　Printed in Japan

◆お問い合わせについて

・ご質問は本書に記載されている内容に関するもののみに限定させていただきます。本書の内容と関係のないご質問には一切お答えできませんので、あらかじめご了承ください。

・電話でのご質問は一切受け付けておりませんので、FAXまたは書面にて下記問い合わせ先までお送りください。また、ご質問の際には書名と該当ページ、返信先を明記してくださいますようお願いいたします。

・お送りいただいたご質問には、できる限り迅速にお答えできるよう努力いたしておりますが、お答えするまでに時間がかかる場合がございます。また、回答の期日をご指定いただいた場合でも、ご希望にお応えできるとは限りませんので、あらかじめご了承ください。

・ご質問の際に記載された個人情報は、ご質問への回答以外の目的には使用しません。また、回答後は速やかに破棄いたします。

◆お問い合せ先

〒162-0846
東京都新宿区市谷左内町21-13
株式会社技術評論社　書籍編集部
「図解即戦力
AIのしくみと活用が
これ1冊でしっかりわかる教科書」係
FAX：03-3513-6167
技術評論社ホームページ
https://book.gihyo.jp/116